管好技术债

低摩擦软件开发之道

Managing Technical Debt

Reducing Friction in Software Development

[加] Philippe Kruchten
[美] Robert Nord 著   冯文辉 译
[美] Ipek Ozkaya

电子工业出版社
Publishing House of Electronics Industry
北京·BEIJING

内 容 简 介

本书讲述了在软件研发过程中，如何对技术债务的全生命周期进行管理，内容涵盖技术债务的方方面面，包括技术债务的定义与识别，技术债务在源代码与架构等不同抽象层次上的表现，技术债务的成本计算与偿还策略，以及在什么情况下，与技术债务共存是一个可以接受的选择等。书中也提出了具体的可供实践的理论与方法，让软件研发人员能将技术债务管理与整个软件研发的工作结合起来，从而通过管理技术债务给软件研发带来切切实实的收益。

本书适合参与软件研发工作的开发者、管理者、架构师，以及对技术债务感兴趣的人员阅读。

版权贸易合同登记号　图字：01-2020-3392

图书在版编目（CIP）数据

管好技术债：低摩擦软件开发之道 /（加）菲利普·克鲁奇顿（Philippe Kruchten），（美）罗伯特·诺德（Robert Nord），（美）伊佩克·厄兹卡亚（Ipek Ozkaya）著；冯文辉译. —北京：电子工业出版社，2023.10
书名原文：Managing Technical Debt: Reducing Friction in Software Development
ISBN 978-7-121-46358-7

Ⅰ.①管… Ⅱ.①菲… ②罗… ③伊… ④冯… Ⅲ.①软件开发 Ⅳ.①TP311.52

中国国家版本馆 CIP 数据核字（2023）第 176434 号

责任编辑：张春雨
印　　刷：三河市双峰印刷装订有限公司
装　　订：三河市双峰印刷装订有限公司
出版发行：电子工业出版社
　　　　　北京市海淀区万寿路 173 信箱　邮编：100036
开　　本：787×980　　1/16　印张：12.75　字数：245 千字
版　　次：2023 年 10 月第 1 版
印　　次：2023 年 10 月第 1 次印刷
定　　价：79.00 元

凡所购买电子工业出版社图书有缺损问题，请向购书店调换。若书店售缺，请与本社发行部联系，联系及邮购电话：(010) 88254888，88258888。
质量投诉请发邮件至 zlts@phei.com.cn，盗版侵权举报请发邮件至 dbqq@phei.com.cn。
本书咨询联系方式：faq@phei.com.cn。

译者序

多年前，我曾经参与开发了一个银行内部的工作流系统。当时，由于业务投产的紧迫性，以及项目预算不足，系统的 Load Balance（负载均衡，LB）与 Disaster Recovery（灾备，DR）在系统的设计与研发之初就被迫搁置了。不过大家都乐观地认为，将来在条件允许的情况下，一定会回过头来解决这个问题。就这样，在没有 LB 和 DR 的情况下，系统顺利上线了。

在开始的一段时间，系统运行正常。大家也开始有时间和精力来考虑 LB 和 DR 的事情了。不过由于系统运行良好，大家也没有特别抓紧做这件事情。然而好景不长，在系统正常运行了十几天后，由于系统由当初的试运行转向面向公众全面开放，业务量突然间暴增，系统抵挡不住瞬间涌入的大量请求，再加上没有 LB，因此出现了频繁宕机的现象。DR 环境也不存在，所以生产环境得不到任何支援，只能不断地宕机与重启。而由于同样的原因，系统的监控机制也被搁置了，运维人员是在最后一刻才被业务部告知：系统不可用。这次事故的最后处理方式是，IT 运维人员绕过系统，奋战几个通宵，把客户的 300 多万个表单通过 SQL 脚本直接录入数据库。

多年后，当我阅读并翻译了本书后，才明白当初我们遇到的问题是技术债务问题。由于缺乏对技术债务的认知，更谈不上有什么管理经验，我们被迫偿还了相当沉重的利息。我相信，我们遇到的技术债务问题，绝不是孤例。正在阅读本书的你，也一定可以举出很多亲身经历的类似事件。

本书很好地回答了当遇到这样的技术债务问题时，我们应该如何从容地应对。我相信，当年在开发那个系统的时候，如果我们阅读过本书，最后的结果一定不会像当年那样，但我们会如何应对技术债务问题却难说，我们可能会坚持，即使削减一些功能，也要把 LB 和 DR 建立起来，也有可能在系统投产后，抓紧制订 LB 和 DR 的计划并实施，而不会拖拖拉拉。但无论是何种应对策略，至少有一点可以肯定，那就是 IT 运维人员不会熬几个通宵去解决这个问题。

序

16 世纪晚期，一条公路环绕着我现在居住的小岛。嗯，确切地说，不是一条公路，而是一条普通的步行小路，连接着当时许多繁荣的小渔村和小农场。但是，时代变了，随着19 世纪捕鲸者、传教士和庄园主的到来，当地想要发展经济，就需要减少人们旅行的阻力，增加运输能力。因此，在原来道路的基础上，一条更宽的道路被建造起来，让马匹、火车和新兴的汽车通行。后来时代又一次变了，第二次世界大战需要更宽阔、更坚固的道路；但是，不足为奇的是，权衡之下，人们选择抄近路。在第二次世界大战后，当捕鲸者、传教士、庄园主和水手都已成为历史的记忆时，这条路依然存在，但却是越来越多的旅游车在上面通行。由于基础设施建设资金不足，一条新路已经规划好了，但只修建了一部分。维修旧路段的费用占用了建造新路段的资金。然而，对原系统修修补补，是我们经常遇到的问题。即使是现在，这种问题也不可避免。造成这一次修补的原因是气候变化，海平面上升，预计在本世纪内上升达到 3 英尺（约 90cm）。海水已经开始侵蚀这条古老的道路，并开始淹没这条道路，这使得建一条新路不可避免，也刻不容缓。

软件密集型系统与此非常相似：地基已经打好，偷工减料的理由有很多，而这些理由在当时似乎是站得住脚的；但是，随着时间的推移，数月、数年甚至数十年以后，随着代码不断增加，很快每个成功的项目都会变成遗留项目。年轻的公司不会受遗留代码的影响，可以快速成长，但大家终究会在某天突然醒悟并意识到开发寿命长、质量高的软件密集型系统是一件很困难的事情。

这是一本充满智慧并且非常实用的书。Philippe、Ipek、Robert 等作者在开发交付一些非常重要的高质量软件系统方面有相当多的实际经验，他们的专业知识使本书熠熠生辉。通过本书你将学习如何识别技术债务，如何管理它，以及如何合理地偿还它。

　　我真希望在我刚开始职业生涯时就有这本书，但现在它才被写出来。作者提供了大量的研究案例，这些案例都是他们多年的经验积累，而且还提供了大量如何将它们应用于实际项目的可操作的思路。一定要仔细地阅读这本书。每一页都有非常实用的内容；老实说，书中的知识会改变你处理技术债务的方式。

——Grady Booch

IBM 首席科学家

2019 年 1 月

前　言

Philippe：早在有"技术债务"这个名字之前，我就已经爱上了技术债务。1980 年，我负责阿尔卡特公司的某个外围设备开发，代码必须能够存储在容量只有 8 KB 的 ROM（只读存储器）中。随着"烧录"ROM 最后期限的临近，我们对代码做了很多破坏性的修改，以使其能满足容量限制。我们想："哦，下一个版本，我们将有 16KB 可用，我们将会修复它……"下一个版本我们确实获得了 16KB 的 ROM，但是我们再也没有修正过我们的源代码，因为又临近了下一个产品的最后发行期限。新加入的程序员会说："哇，这太丑了，脑子坏掉了吧，太可怕了。你是怎么写出这么糟糕的代码的？"同事们回答："哦，是的，去问 Philippe 吧，他会解释为什么会这样。从好的方面来看，它起码还能工作，并通过了所有的测试。所以，如果你想修复这些代码，那风险由你自己承担哦。"

Robert：自从敏捷实践出现后，我就十分乐于听开发人员讲述如何来实施。当时，不同组织中的两个项目正在采用敏捷开发方法，并且都认识到端到端性能的重要性。最小可行产品（Minimal Viable Product，MVP）的演示毫无疑问也是成功的。碰巧的是，在两种情况下，演示都触发了对新的高容量带宽的需求。正如 Philippe 所说，一个项目能够从容应对新的需求，而另一个项目则"碰壁"了。由于架构和支撑流程不够灵活，因此项目无法快速响应新需求。这让我想到了开发人员在提供更多的特性与投资于架构、基础设施之间所做的选择。

Ipek：我认为软件工程首先是一种经济活动。虽然在原则上，预算、时间表和其他业务问题应该驱动你的设计选择，但我的经验告诉我并非如此。包路由系统，我们称之为 GIS-X，就是一个典型的例子。2007 年，我作为团队成员对该系统进行架构评估。开发团队的任务是将先进的地理信息处理技术整合到 GIS-X 中，以优化驾驶路线。但经过一段时间后，该项目变成了日程优先，参与项目的 5 个开发团队都开始偏离设计。对于其他几个技术问题，大家犯的一个关键错误是没有指派架构所有者来控制设计、业务和资源的使用。

大约在 2005—2008 年，技术债务的概念在敏捷流程社区以大量博客文章的形式出现。我们清楚开发人员可以很好地理解技术债务，即使他们没有这样称呼它，但是他们所在组织的业务方对此没有什么洞察力，并且认为技术债务（debt）非常类似于技术缺陷（defect）。我们三个人在那个时候见过几次面，当时我们致力于开发一个小游戏，以帮助那些面临艰难选择的软件团队更好地理解技术债务是什么。当我们发现越来越多的工业界和学术界的学者都愿意去了解这个奇怪的不符合软件工程理论的概念时，我们从 2010 年开始，组织了一系列关于管理技术债务（Managing Technical Debt）的研讨会。研讨会最初由软件工程研究所（Software Engineering Institute，SEI）赞助，目的是更彻底地探讨这个概念。那些年这样的研讨会我们一年组织一次。后来它变成了一个单独的重要的会议，仍然每年召开一次。

我们三个人一起写论文，向世界各地不同的人群做报告。到 2015 年，我们的观点开始趋同，于是我们考虑写一本关于技术债务的书。事实证明这只是万里长征的第一步。

在过去 8 年左右的时间里，我们与许多人进行了交流，你们手中的这本书就是与数百人交流的成果。在他们的帮助下，我们进一步理解了技术债务这个简单比喻背后的道理。我们更好地理解了技术债务因何而来，它对软件密集型开发项目的影响，以及技术债务的实际形式。我们现在可以肯定，所有的系统都有技术债务，而管理技术债务是软件获得成功的关键软件工程实践。我们了解过不同的组织是如何应对技术债务的。我们研究并试用了一些工具，这些工具标榜它们管理技术债务是如何有效。我们也理解了一个简单的道理：技术债务完全不同于你的房屋抵押贷款。

这本书是为许多已经听说过技术债务这个术语的从业者和那些认为他们的系统可能有技术债务问题的人准备的。希望本书能够成为你的工具，可以对你分析自己的情况助一臂之力，然后能总结出解决问题的方法和思路。

这不是一篇满是统计数字的科学论文。在书中我们给出了具体的例子，你可以参考，同时你也可以从中找到自己需要的信息。另外，本书还包含了一些本行业的其他朋友提供的故事，他们将亲身告诉你他们在技术债务方面的经验。

Philippe：我现在明白了，在 20 世纪 80 年代发生在我身上的 8KB ROM 的故事是一个非常典型的技术债务案例。它纯粹是由工期压力造成的，忽视一小段代码的可维护性造成了严重的后果。我参加了 1992 年在加拿大温哥华举行的 OOPSLA 会议，会上 Ward Cunningham 首次使用了"技术债务"一词，它终于有名字了。

Robert：回顾采用敏捷方法的两个项目，我首先想到的是基础设施架构需要像产品待办列表中的特性一样清晰可见。这迫使我去思考如何在其中做出选择。我现在知道，他们将技术债务项添加到了待办事项列表中，这样他们需要使用更多的工具来制订策略性的计划以及对技术债务进行监控，这最终带来了可见性的提升。

Ipek：几个月前，我在软件工程研究所教授一门软件架构课程，一位听众询问我是否曾经在 GIS-X 系统上工作过，他碰巧是该系统的工程经理之一。他回想了以前的事情，当时，我们发现了最后导致他们项目被取消的技术债务并给出了建议，虽然那时我们并没有使用"技术债务"这个词。问题就这样被解决了。

我们不会在这里止步。现在你也可以与我们和社区分享关于技术债务的故事。这本书只是一个开始。

Philippe Kruchten，加拿大温哥华

Robert Nord，美国匹兹堡

Ipek Ozkaya，美国匹兹堡

致 谢

多年来，我的许多同事参加了管理技术债务（Managing Technical Debt，MTD）研讨会，这增进了大家的思想交流和实践改进。技术债务全景的想法源于 2012 年在苏黎世举行的国际软件工程会议（International Conference on Software Engineering，ICSE）上的第三次技术债务国际研讨会。2016 年，在为期一周的达堡软件工程研讨会上的管理技术债务研讨会上大家就技术债务的定义、概念模型草案和研究路线图达成了共识。Paris Avgeriou 和 Carolyn Seaman 是管理技术债务的先驱者，他们和我们一起组织指导社区活动。无论是 ICSE 上的 MTD 研讨会，还是后来它单独成为一个正式的会议，Tom Zimmermann 都提供了慷慨的支持。在他的帮助下，2018 年第一次技术债务会议取得了成功。在那次会议上，研究人员、从业者和工具供应商共同探索管理技术债务的理论和实践技术。

我们要感谢 Robert Eisenberg、Michael Keeling、Ben Northrop、Linda Northrop、Eltjo Poort 和 Eoin Woods，他们分享了自己的经验和看法。我们也要感谢广大的软件工程师、开发人员、项目经理，以及组织的业务人员，他们分享了来自一线的实战经验。

特别感谢 Len Bass 和 Hasan Yasar，相关技术债务和生产环境的章节有他们的贡献。Kevin Sullivan 在 2010 年关于技术债务的第一次研讨会上提出了净现值（Net Present Value，NPV）和实物期权的概念，Steve McConnell 在随后的讨论中完善了这一概念。

感谢专家们对每版稿进行全面和仔细的审阅。他们是 Paris Avgeriou、Felix Bachmann、Len Bass、Stephany Bellomo、Robert Eisenberg、Neil Ernst、George Fairbanks、Shane Hastie、James Ivers、Clemente Izurieta、Rick Kazman、Nicolas Kruchten、Jean-Louis Letouzey、Ben Northrop、Linda Northrop、Eltjo Poort、Chris Richardson、Walker Royce、Carolyn Seaman、Eoin Woods 和 Hasan Yasar。

James Ivers 是 SEI 架构实践的倡议者和支持者。SEI 多年来一直从事技术债务研究，我们的同事在 Felix Bachmann、Stephany Bellomo、Nanette Brown、Neil Ernst、Ian Gorton、Rick Kazman、Zach Kurtz 和 Forrest Shull 的帮助下逐渐形成了关于这个主题的观点。Linda Northrop 领导的 SEI 项目对软件架构领域的发展起到了重要作用，并影响了我们关于技术债务架构设计的想法。在整个过程中，她也是我们的导师。Jim Over、Anita Carleton 和 Paul Nielsen 支持将管理技术债务的研究工作转变为实践，包括编写本书。感谢 Kurt Hess 与我们合作，并将许多概念以插图的形式来描述。Tamara Marshall-Keim 帮助我们理清了一些复杂的概念。她凭借该领域的专业知识和丰富的编辑经验为这本书的内容增光添彩。

我们感谢来自不列颠哥伦比亚大学的研究生 Erin Lim、Ke Dai 和 Jen Tsu Hsu，他们勇敢地进入软件和系统开发的"疯狂"世界，调查了技术债务的实际情况。另一位学生 Mike Marinescu 帮助我们完成了本书的制作。

培生教育集团的 Kim Spenceley 和 Chris Guzikowski 对本书提供了指导和支持。我们还要感谢我们的文字编辑 Kitty Wilson、制作编辑 Lori Lyons，以及制作团队的专业人员。

最后，感谢我们的家人、朋友的鼓励和支持。

关于作者

Philippe Kruchten 是加拿大温哥华不列颠哥伦比亚大学的软件工程教授。他曾在业界工作 30 多年，主要从事电信、国防、航空航天和交通等领域的大型软件密集型系统设计。他在软件开发方面的一些经验体现在统一软件过程（RUP）中，他在 1995—2003 年主导了 RUP 的开发。他是 *Rational Unified Process：An Introduction*（Addison-Wesley, 1998 年）、*RUP Made Easy：A Practitioner's Guide*（Addison-Wesley, 2003 年）、*Software Engineering with UPEDU*（Addison-Wesley, 2003 年），以及早期 Pascal 和 Ada 编程图书的作者或合著者。他在法国工程学院获得了信息系统博士学位（1986 年）和机械工程学学位（1975 年）。

Robert Nord 是卡内基梅隆大学软件工程研究所的首席研究员，他致力于在规模化敏捷、软件架构和管理技术债务方面开发并传播有效的方法和实践。他是 *Applied Software Architecture*（Addison-Wesley, 2000 年）和 *Documenting Software Architectures：Views and Beyond*（Addison-Wesley, 2011 年）两本书的合著者，也是一个架构方法的演讲者。他获得了卡内基梅隆大学的计算机科学博士学位，是 ACM 的资深成员。

Ipek Ozkaya 是卡内基梅隆大学软件工程研究所的首席研究员。她的主要工作是研究如何提高软件开发效率以及进行系统演化，重点是软件架构实践、软件经济学、敏捷开发以及管理复杂、大规模软件密集型系统中的技术债务方面。此外，她还承担了与政府和行业组织合作以改进他们的软件架构实践的工作。她获得了卡内基梅隆大学的计算机设计博士学位。Ozkaya 是 IEEE 的高级会员，以及 *IEEE Software* 杂志 2019—2021 年的总编辑。

关于贡献者

Robert Eisenberg 是某公司的退休研究员，在大型软件系统的全生命周期开发方面有 30 多年的经验。他的专业领域包括软件方法和过程、计划和净值管理、敏捷转型和技术债务管理。他是某公司关于管理技术债务的实践和方法的发展计划的领导者，并协助了许多项目的实施。他还是该公司空间系统业务领域计划的领导者，开发并实施了基于精益和敏捷原则的新业务模型与实践。他在关于管理技术债务和敏捷方法、实践及转型的多个会议上发表过演讲。Robert 获得了美国弗吉尼亚大学的计算机科学硕士学位和美国特拉华大学的计算机科学学士学位。

Michael Keeling 是一名专业的软件工程师和 *Design It! From Programmer to Software Architect*（Pragmatic Bookshelf, 2017 年）一书的作者。Keeling 当前在 LendingHome 公司工作，还曾在 IBM、Vivisimo、BuzzHoney 和 Black Knight Technology 等公司工作过。Keeling 拥有美国卡内基梅隆大学软件工程硕士学位以及威廉与玛丽学院计算机科学学士学位。

Ben Northrop 是 Highline Solutions 公司的创始人。Highline Solutions 是一家总部位于匹兹堡的数字化咨询公司，专注于大型客户软件系统的架构设计、开发和部署。Ben Northrop 有着 20 多年的工作经验，帮助建立了许多行业的系统，涉及交通、金融、电信、高等教育和零售业等。他拥有卡内基梅隆大学的两个学位：信息和决策系统学士学位及逻辑、计算和方法学硕士学位。

Linda Northrop 在软件开发领域有超过 45 年的经验，她是一名践行者、研究员、经理、顾问、作者、演讲者和教育工作者。她是卡内基梅隆大学软件工程研究所的研究员。在她的领导下，SEI 研究开发了软件架构和产品线方法，以及出版了多部广受好评的著作并推出了一系列优秀的课程。Northrop 还与人合著了 *Software Product Lines: Practices and Patterns*（Addison-Wesley, 2002 年）一书。她领导了一个超大型系统的跨学科国家研究小组，其成

果见 *Ultra-Large-Scale Systems：The Software Challenge of the Future* 一书。她目前专注于软件架构、超大型系统，以及给拥有各种不同能力的儿童使用的开发软件的创新。

Eltjo R. Poort 是荷兰 CGI 的架构实践负责人。在 30 年的软件职业生涯中，他担任过许多工程和项目管理的角色。20 世纪 90 年代，他领导实施了美国第一个短信系统。在过去的 10 年里，他出版了许多关于改进架构实践的论著，包括 2012 年的博士论文。Eltjo 在风险和成本驱动架构方面的工作（这是一套关于敏捷的解决方案架构的原则和实践）尤为突出，为此他在 2016 年获得了"Linda Northrop 软件架构奖"。在业余时间，Eltjo 喜欢拉小提琴。Eltjo 是 IFIP 2.11 软件架构工作组的成员。

Eoin Woods 是 Endava 公司的首席技术官。Endava 是一家致力于数字、敏捷和自动化项目交付的技术公司。在加入 Endava 之前，Eoin 在软件工程行业工作了 20 年，主要开发系统软件产品和资本市场领域的复杂应用程序。他的主要技术领域是软件架构、分布式系统和计算机安全。他是 *IEEE Software* "Pragmatic Architect"专栏的编辑，著名的软件架构著作 *Software Systems Architecture*（Addison Wesley，2011 年）的合著者，并获得了卡内基梅隆大学 SEI 2018 年颁发的 Linda M.Northrop 软件架构奖。

缩略语

5W	5 个 W：何人，何时，何地，何事，何因
A2DAM	敏捷联盟债务分析模型
AADL	架构分析与设计语言
ADL	架构描述语言
ALM	应用程序生命周期管理
API	应用程序接口
ATAM	架构权衡分析方法
CISQ	IT 软件质量联盟
CVE	常用漏洞和风险
CWE	通用缺陷枚举
DB	数据库
FLOSS	自由/开源软件
FTE	全职人力工时
I18N	国际化
IRAD	独立研究和开发
ISO	国际标准化组织

L10N　　　　本地化

MVP　　　　最小可行产品

NPV　　　　净现值

OMG　　　　对象管理组

ROI　　　　投资回报率

SaaS　　　　软件即服务

SAFe　　　　规模化敏捷框架

SLOC　　　　源代码行数

SOA　　　　面向服务的软件架构

SQALE　　　基于生命周期期望的软件质量评估

SysML　　　系统建模语言

UML　　　　统一建模语言

UX　　　　　用户体验

目　录

第 1 部分

探索技术债务全景

第 1 章

软件开发中的摩擦

在开发复杂软件的过程中，仍然存在很多摩擦。以可重复和可持续的方式创建高质量软件的目标对于许多组织来说仍然是难以实现的，特别是那些受互联网大潮驱动的组织。

——Grady Booch

你所在的软件开发组织的生产力下降了吗？你的代码库是否越来越难以实现每周都有代码提交？你的团队士气下降了吗？与许多努力获得成功的其他软件开发者一样，你可能在软件开发过程中无法管理摩擦，并且可能存在技术债务问题。

我们为什么要关心技术债务？它是如何出现的？它与软件质量问题有什么不同？在这一章中，会介绍技术债务的概念，并讨论其出现的典型场景。

管理技术债务的价值

对于许多组织来说，理解和管理技术债务是一个有吸引力的目标。主动管理技术债务可以使组织在软件工程交付方面，以一种将技术决策和软件经济学无缝集成的方式来控制变更成本。

技术债务并不是一个新术语，其由 Ward Cunningham 于 1992 年提出，用来表示开发、交付高质量软件时开发速度和返工之间的微妙平衡。它的含义也不是新的。自创建软件产品以来，我们一直用其他词语表示这个问题：软件维护、软件演化、软件老化、软件衰退、软件系统再造，等等。

可以把技术债务比作机械设备中的摩擦：磨损、不够润滑或设计不当。设备中的摩擦越多，让它运作起来就越困难，你必须花费更多的力气才能达到预期的效果。同时，摩擦是机械零件协同工作的必要条件之一。你不可能完全消除它，只能减少它的负面影响。

在最近 10 年里，许多依靠软件维生的大公司慢慢意识到：技术债务切实存在并削弱了自身满足客户需求的能力。技术债务已开始转化为财务影响。以往，公司可能会做出权衡，以技术债务为代价来实现快速交付或迅速扩大规模，在债务增加时投入更多人力，选择不去减少或管理债务。从会计角度来看，这并不是一笔真正的债务，但未来这笔巨额成本终将在某个时候对公司的财务状况产生负面影响。作为软件大买家的政府组织现在也意识到，只关注最初的开发成本会忽视软件的全部成本，他们已经开始要求软件行业考虑软件全生命周期的成本了。

技术债务无处不在，它影响软件工程的所有方面，从需求管理到设计、代码编写、用于分析和修改代码的工具，再到用户部署。技术债务引起的摩擦甚至在软件开发组织的管理和软件工程的社会方面都很明显。技术债务是软件技术的可持续性的真实写照。Becker 和他的同事将技术债务描述为：信息、系统和基础设施的寿命，以及它们随着周围环境的变化而进行的适当演化。它涉及维护、创新、折旧、数据完整性等多个方面。它还和软件行业中对可持续性的更广泛的关注有关——不仅在环境意义上，而且在社会和技术意义上。

管理技术债务的效果是逐步显现的，而且劳动力往往会让这类债务贬值。所以这仍然会有问题。那么我们凭什么认为将此问题理解为技术债务问题并加以管理，会产生不同的结果呢？软件工程作为一门学科正处于一个独特的阶段，在这个阶段，若干子学科已经成熟，成为解决技术债务问题的方案的一部分。例如程序分析技术，它虽然不是新的技术，但目前已经相当完善，可以在真实开发环境中使用。因此，这些学科将在识别技术债务方面发挥作用，而几年前它还没有这样的作用。进一步促进运维和开发融合的 DevOps 工具环境允许开发人员分析它们的代码，在问题变成债务之前定位问题，并实现更短的开发生命周期。开发人员现在也有了将技术债务描述为其软件开发过程和实践的一部分的词汇。

技术债务的概念在开发者中产生了共鸣，因为他们也在寻找好的方法来帮助理解复杂的软件构件、开发团队与决策者之间的依赖关系，以及通过平衡短期需求与长期变化来保持软件产品持续运行。这样一来，也可以视技术债务为一种战略投资和降低风险的方式。

关于技术债务

当今，许多实践者认为技术债务是一个免责性术语，特指糟糕的内部代码质量。这个说法不完全正确。在本书中，会介绍技术债务与代码内在质量的关系，其往往与随着时间的推移而实现的设计策略没多大关系。技术债务可能在整个系统设计或系统架构层面积累，甚至在代码质量较高的系统中也是如此。它也可能由不受系统设计者和实现者控制的外部事件所引起。

本书主要讲述技术债务的定义和管理实践——定义技术债务，剖析技术债务，提供从不同角度研究技术债务的例子，并给出管理技术债务的技术性建议。本书对技术债务的定义如下：

> 在软件密集型系统中，技术债务由设计或实现的工件组成，这些工件往往在短期内是没有问题的，但由它们建立的技术上下文会使未来的变更成本更高或使变更不能实现。技术债务是一种潜在负债，其影响决定于系统的内在质量，主要但不只包括可维护性和可演化性。

我们喜欢这个定义，是因为它并不是只考虑"债务"这个词在金融领域的本意。虽然这个定义包含一个有趣的金融类比，但软件中的技术债务并不完全像可变利率抵押贷款或汽车贷款。它源自开发工件（如设计决策和代码）并逐渐积累。

技术债务也有偶然的一面，这取决于其他可能发生或不会发生的事情：你需要承担多少技术债务取决于你希望系统如何发展。我们希望这个定义不包括功能上的缺陷（故障和错误）或外部质量缺陷（可服务性），因为将缺陷和技术债务放在一起会混淆视听。系统质量，或质量属性，是系统的一个属性，用来表明系统是否满足其利益相关者的需求。关注内在质量使我们能够从变更成本的角度来看待这些缺陷。而技术债务使系统的可维护性更差，使系统更难以发展。

技术债务不是一个新概念。它与软件从业者几十年来一直在说的软件演化和软件维护有关系。自从开发人员第一次生产出有价值的软件以来，就有一个问题一直困扰着业界：大家都不打算抛弃或彻底更新已有的软件，而是试图通过演进或简单的维护来维持使用。今天的不同之处在于人们越来越意识到，如果技术债务管理不善，将会使软件开发行业破产。今天的从业者别无选择，只能将技术债务管理作为软件工程核心实践之一。

尽管技术债务可能产生可怕的后果，但它并不总是像听起来那么糟糕。你可以把它看作整体投资战略的一部分，一个战略性的软件设计选择。如果发现自己把所有的时间都花在处理技术债务上，或者已经到了无法偿还的地步，那么实际上坏账已经形成了。当你透支未来的时间和精力，并一厢情愿地认为将来能够偿还时，你可能已经欠下了一笔债。如果软件产品是成功的，这种策略可以为你带来比保持债务自由更大的回报。而且，即使软件产品不成功，你也可以简单地选择摆脱债务。技术债务这把双刃剑让许多实践者感到困惑。

稍后，我们将回到财务的类比上来，研究在软件领域是否存在一些与本金、利息、还款甚至破产这些概念类似的东西。

技术债务示例

为了说明前面的定义，这里提供一些关于软件开发项目中的技术债务的真实故事。你将看到一些公司在开发团队层面丧失了应对技术债务的能力，他们需要在组织层面与之斗争。

快捷而烦人的 if-then-else 语句

加拿大一家公司为当地客户开发了一款好产品。基于本土的成功案例，该公司决定将市场扩展到加拿大的其他地方，很快其就面临一个新的挑战：加拿大 20%的人在日常生活的大部分时间都使用法语。开发人员花了一周的时间来开发该产品的法语版本，在代码中植入了 French = Yes 或 No 的全局标志，以及数百个if-then-else 语句。产品演示进行得很顺利，他们成功了！

一个月后，在去日本的旅行中，一名销售人员自豪地吹嘘说，这款软件支持多种语言，然后带着一份订单回到加拿大，他认为只需一周就能开发出日语版本。现在，不使用更完备的设计（如外部化所有文本字符串和使用国际化包）的决定严重损害了开发人员的利益。他们不仅必须选择和实现一个可伸缩、可维护的策略，而且必须去掉所有快速且不可靠的 if-then-else 语句。

站在这家加拿大公司的角度，使用 if-then-else 语句的决定可使变更扩展到全部代码，但是从业务的角度来看，这是一个必要、快速但不成熟的解决方案，可以快速获得订单。在那个阶段做正确的事情将会推迟系统的交付，并可能使他们失去市场份额。因此，尽管生成的代码很难看，而且很难修改和演化，但那是正确的决定。现在，你是否会继续沿着这条路径为每种语言都添加一层 if-then-else 语句呢？或者你会重新考虑策略，决定偿还最初的技术债务吗？插入日文版本的快速修复（其中包括支持日文字符集和垂直文本）将会是一个很大的负担，并会带来后续的维护问题。你可能认为一个好的设计师应该在一开始就为国际化和本地化做好准备；但现在看来，这只是事后诸葛亮。这个小型企业在开发之初，需求和限制是非常不同的，那时的需求和限制主要在于特性，并且开发人员没有预见到对多语言特性的需求。

撞墙

两家大型全球金融机构合并。这样，对业务至关重要的两个 IT 系统也不得不合并。新公司的管理层认为，将两种系统通过简单、粗暴的捆绑式合并形成类似奇美拉这样的双头怪物是行不通的。他们决定采用最新的技术从头开始建立一个系统，在某种程度上使原来的系统摆脱多年积累的技术债务。

新公司组织了一个团队来建立新的替换系统。他们进展得很快，因为第一个主要版本只是简单地替换现有系统。在几个月的时间里，他们通过每个 sprint（或迭代）演示更积累了大量表现良好的代码。但是没有人考虑系统的架构，每个人都专注于为演示创建更多的特性。最后，一些更困难的问题，如可伸缩性、数据管理、系统分发和安全性，开始浮出水面。团队发现，为了解决这些问题而重构已经生成的大量代码，会很快导致现有工作完全停止。就像马拉松选手说的那样，他们"撞墙"[①]了。他们有很多代码，但是没有明确的架构。在 6 个月里，公司积累了大量的技术债务，使项目陷于停滞。

这种情况与第一种情况非常不同，这不是代码质量的问题，而是一个关乎远见的问题。在开发过程中，团队忽略了架构和技术选择问题，或者忽略了在开发过程中的适当时候从两个现有的系统学习的问题。团队不需要预先完成所有这些工作，但是需要尽早完成，以免给后续的开发工作带来负担。重构是有价值的，但也有局限性。开发团队在最初的产品发布几

---

① hit the wall，指长跑中人的能量消耗殆尽，一段时期内没有力气，俗称"撞墙"，也称"遭遇极点"。

周后，不得不丢弃大量的现有代码。虽然该组织希望在合并已有版本后开发的新系统上消除技术债务，但未能将消除技术债务纳入新系统的项目管理战略。有时候，无知是福，但这个"福"只是暂时的。

不堪重负

一家成功的海事设备公司研发了 16 年产品，在这个过程中积累了 300 万行代码。在这 16 年里，公司推出了许多不同的产品，所有产品都处于保修或维修合同有效期内。新技术不断发展，员工不断更替，新的竞争者也进入了这个行业。

公司的产品很难再继续发展，小的变更或功能添加会导致对现有产品进行大量的回归测试，并且大多数测试版本必须手工完成，每个版本都需要数天的时间。小的变更经常会破坏代码，因为许多设计和技术上的决策没有文档化，开发团队的新成员根本找不出造成破坏的原因。

在这个海事设备公司的案例中，技术债务的出现原因并不是单一的，原因有数百种，例如代码缺陷、小把戏和临时方案，以及没有可供参考的文档和很少的自动化测试。虽然开发团队梦想着完全重写，但是经济形势不允许延迟发布新版本或新产品，也不允许放弃对旧产品的支持。团队现在必须实施一些折中战略。

"千刀万剐"

一家 IT 服务型厂商获得了几个大合同。其中一些新业务允许组织发展其离岸开发业务并进入新兴的软件开发市场。几年来，该厂商经历了一波招聘热潮。

IT 服务类项目在本质上是相似的，厂商假设新开发人员可以在项目之间互换。项目经理认为："我们的任务是定制相同或类似的软件，那么各项目能有多大的不同呢？"但在某些情况下，新员工对所使用的工具包缺乏相匹配的技能或知识。在其他情况下，时间和收入增长的压力迫使他们彻底跳过代码测试，或者没有仔细考虑自己的设计。他们也没有投入时间来创建通用的应用程序接口（API）。招聘热潮造就了不稳定的团队，几乎每个月都有新成员加入。甚至有这样一个内部笑话："在网上获得一堆 Java 和微软认证，你就是这里的高级开发人员了。"很快，项目经理就失去了对进度的控制，也失去了对被引入系统的缺陷的数量的控制。

这家 IT 服务型厂商提供了另一个技术债务来源不单一的例子，我们称之为"千刀万剐"。普遍的能力不足会导致许多细碎、可避免的编码问题，但这些问题却永远不会被发现。组织能力的缺乏，以这家 IT 服务型厂商为例，很容易引发一系列效应。计划外和不受控的招聘热潮导致厂商错过了实现产品通用性的机会，加之有限的测试，这些都导致了技术债务的积累。

战术投资

一家五人公司开发了一个城市交通领域的 Web 应用程序，目标用户是公交车和火车的乘客。在这个相对较新和快速发展的领域，目标用户不能切实地告诉公司他们需要什么。"当我看到它的时候，我就知道了。"因此，该公司开发了一种"最小可行产品"（MVP），其具有一些核心功能，但并无内在的复杂性。该公司的成员在一个城市测试了大约 100 名用户。他们必须"转向"几次，直到找到自己的利基市场，一旦找到，他们会投入大量资金为一个产品建立相匹配的基础设施，以确保这个产品能够同时支持数百万名用户，适应几十种情况和几十个城市。

这家小公司的成员最初走的捷径，以及他们最初开发的足够可用的设施，都是基于技术债务考虑的明智选择。该公司挪用了原本用于定义和实现完备基础设施的时间，以便尽早交付。这使得他们比那些采用把基础设施放在首位的传统开发模式的公司早几个月完成了MVP。此外，该公司还从可靠性、容错性、适应性和可移植性等关键问题（这些问题不一定符合其最初的设想）中吸取了教训。一旦开发人员彻底地理解了他们的用户需要什么，就会因预先满足这些质量属性而产生大量的返工。

从始至终，这家公司的员工都知道自己在故意走捷径，以及这些捷径对未来发展的影响。从天使投资者的角度来看，这是很好的风险管理策略。如果该公司在市场上找不到任何切入点，开发人员就可以提前停止开发，在公司进行大规模的金融投资之前将成本降至最低。管理部门也向公司内部和外部的所有人明确表示，这些捷径是暂时的解决方案，因此没有人会试图把它们作为永久解决方案的一部分，尽管痛苦地为它们打过补丁。在这种情况下，承担技术债务是一种明智的投资，是值得的。该公司或许需要偿还"借来的时间"，但也可能退出该项目。

在所有这些例子中，软件的当前状态是携带着有效的代码，但是这使得进一步的演进更加困难。债务是由缺乏远见、时间限制、需求的重大变化或业务环境的变化所导致的。

软件危机重现

你可能已经遇到过类似于上述的那些技术债务问题：团队花费了几乎所有的时间来修复缺陷，并不断推迟引入新技术的最后期限；团队在持续的集成工作中发现不兼容问题，然后进行返工；用户不断地抱怨功能问题，但问题似乎已经修复了好几次；过时的技术和平台需要我们拿出复杂的临时性变通方法来应对，这导致升级面临挑战；团队也抱怨一年前让系统工作的解决方案已经不够好了。对于想要保持持续增长和收入的组织来说，这就是问题所在。对于一些公司来说，这些问题看起来像一场即将到来的新软件危机。

自从 1969 年著名的北约软件工程会议宣告了软件工程诞生以来，整个行业就一直处于危机之中。软件先驱 Edsger Dijkstra 在 1972 年 ACM 图灵奖演讲中说："……但是在接下来的几十年里，截然不同的事情发生了——更强大的机器出现了，性能提高了，甚至提高了几个数量级。然而，我们并没有发现自己处于所有的编程问题都得到解决的永恒的幸福状态，而是发现自己陷入了软件危机！到底发生了什么？"

软件危机已经扎根并持续发展。1994 年，Wayt Gibbs 在 *Scientific American* 杂志上写道："软件行业尽管发展了 50 年，但仍然需要几年，也许几十年才能补上满足信息时代社会需求的成熟工程规范。"

快进到今天。经过一系列惊人的创新，包括新技术、新工具和增加达十倍的软件开发劳动力，软件产业仍然处于危机之中。现在，问题的性质已经发生了变化。软件产业被已有的大量软件压垮了，这些软件消耗了一半以上现有软件开发劳动力。数据分析组织估计，全球的信息技术软件维护积压的技术债务达到了 1 万亿美元。政府预算都花在了处理设计糟糕的基础架构和过时的技术的遗留代码上。全球范围内的软件从业人员理解了技术债务的影响，并且知道系统是如何获得债务的，但是没有认识到管理技术债务对运作一个成功的软件组织和开发成功的软件支持产品的重要性。这个问题并不新鲜，但与过去相比，全行业现在的感受更加强烈。

软件开发是一个产业，只有在经济上可行的情况下，它才能具有产业活力。随着越来越多的软件被开发出来，长期维护它们变得越来越不可行。市场需要新的应用程序和系统，而且是越快出来越好。其中一些应用程序的生命周期是短暂的，只有几个月或几年，但是有些应用程序（最成功的应用程序通常是比较大型的应用程序）必须维持多年甚至几十年。

如今，以下问题已经成为软件工程的最大障碍：开发组织应该如何在应对一个快速扩展的软件群的同时保持安全性，并且使用最新的技术，并以经济可行的方式满足业务和用户目标？

你的技术债务如何

现在我们已经初步了解了技术债务的各个方面，或许你还会对其中一些问题深以为然："哦，是的，我们这里也有一些技术债务！"或者"现在我们正在遭受的这个问题有一个名字：技术债务！"你可以续写属于你自己的不堪回首的开发故事。在过去的几年里，本书作者听到了数十家公司类似的故事。这些公司陷入了不同类型的技术债务中，有着不同的顾虑和遭受了不同的后果。总体来说，对于技术债务，有以下几个认识级别。

- **级别 1**：一些公司告诉我，他们从未听说过技术债务这个术语或概念，但不难看出，他们遇到的部分问题是某种形式的技术债务。

- **级别 2**：一些公司听说过这个概念，看过关于这个主题的博客文章，并且可以讲述他们技术债务的例子，但是他们不知道如何从理解技术债务的概念过渡到在他们的组织中有效地管理它。

- **级别 3**：在一些组织中，开发团队意识到他们已经欠下了技术债务，但是他们不知道如何让公司的管理层或业务部门承认它的存在，或者他们能做些什么。

- **级别 4**：一些组织知道如何使技术债务可见，并且他们有一些有限的管理技术债务的团队级策略，但是他们缺乏分析工具，不知道如何处理技术债务，以及首先处理哪些技术债务。

- **级别 5**：我从没有听到有组织说："谢谢，所有的技术债务都在控制之中。"如果你的组织这样描述，我很乐意听听你对你们的成功的软件产品的介绍。

这感觉是不是有点像 TDMM——技术债务成熟度模型（Technical Debt Maturity Model）的评级？不管你觉得自己处于什么水平，这本书对你都会有帮助。

本书适合谁

通过一些图书和工具我们可以学习如何分析软件。我们还可以使用一些图书中介绍的新技术来构建微服务，进行云迁移，开发前端 Web 应用程序及实时系统。还有许多介绍软件开发不同方面的图书，如软件代码质量、软件设计模式、软件架构、持续集成、DevOps，等等。书单很长。但是，如何识别技术债务？如何进行沟通？以及如何主动管理组织中的技术债务？迄今几乎没有这方面的实际有用的指导书。本书将填补这一空白。

本书会讲述软件开发组织中管理技术债务的角色，包括开发人员、测试人员、技术领导者、架构师、用户体验（UX）设计人员和业务分析人员，还将讨论技术债务与组织管理层和业务领导者之间的关系。

熟悉代码的人应该了解技术债务是如何产生的，其在代码中的表现形式，以及识别、存储和管理技术债务的工具和技术。这是一种由内而外的视角。

直接面对客户的人员，如组织的业务方，包括产品经理、销售、业务支持和 CXO，应该理解时间的压力和产品方向的变化（产品"转向"）会如何导致技术债务的积累。他们应特别注意本组织应在技术债务方面"投资"多少，不偿还多少，以及承受多长的债务期限。这是一种由外向内的视角。

软件开发组织中面向代码的技术人员和面向客户的业务人员都应该了解产生技术债务的逻辑过程，以及技术债务造成的后果是如何导致组织能力降低的，还应该了解偿还技术债务和使开发工作回到正轨涉及的决策过程。这些决策不仅仅是技术性的。当然，技术债务是内嵌于代码及相关工件中的。但其产生的根源和所带来的后果都表现在业务层面。所有的相关人员都应该理解，管理技术债务需要业务和技术人员共同努力。

技术债务管理原则

下面简单描述了与技术债务相关的普遍适用的关键软件工程原则。这些原则提炼自我们在行业和政府软件项目技术债务方面的经验，并且是软件工程师社区公认的，或者至少是他们接受的。软件工程九大原则如下。

原则 1：技术债务是一个抽象概念的具体化。

原则 2：如果你没有任何形式的利息，那么你可能没有实际的技术债务。

原则 3：所有系统都有技术债务。

原则 4：对于系统来说，必须跟踪技术债务。

原则 5：技术债务并不是质量差的同义词。

原则 6：架构技术债务的成本最高。

原则 7：所有的代码都很重要！

原则 8：无论对于本金还是利息，都没有绝对的技术债务度量标准。

原则 9：技术债务依赖于系统未来的演进。

我们看一下第一个原则。

原则 1：技术债务是一个抽象概念的具体化

技术债务是一个实用的修辞概念，可用于促进软件开发组织中业务人员和技术人员之间的对话。一方面，技术人员并不总是懂得缩短上市时间、快速交付和战术性地快速改进产品以适应市场方向的价值；另一方面，业务人员并不总是能意识到一些早期设计决策在软件项目中可能产生的巨大影响以及因此可能导致的下游成本。通过确定技术债务的具体项，考虑它们随着时间的推移而产生的影响，评估与之相关的生命周期成本，并引入表达技术债务和估计其影响的机制，组织可以帮助每个人更好地理解软件进化的艰难所在，并使其对财务的影响更加真实具体。然后，技术人员和业务人员可以做一个如何减少技术债务的计划，就像做一个添加新功能、修复缺陷和构建架构元素的计划一样。

在后续章节中会介绍更多的原则，本书最后一章对这些原则进行了总结。

本书概念导航

本书的目标是提供一些实用的信息，帮助大家提升管理技术债务的能力。管理技术债务的基本步骤如下：了解基本概念，评估软件开发状态，找出产生技术债务的原因，建立一个技术债务登记表，决定修复什么（以及不修复什么），并在发布计划期间采取行动。这些步骤与图 1.1 所示的 7 个概念有关，这些概念是管理技术债务的基础。

- 技术债务全景
- 技术债务时间线
- 技术债务项
- 软件开发工件
- 原因与后果
- 本金与利息
- 机会与责任

图 1.1　技术债务的主要概念

本书分为 4 部分。

第 1 部分"探索技术债务全景"，包括第 1 章"软件开发中的摩擦"、第 2 章"什么是技术债务"，以及第 3 章"土星的卫星——关键的上下文"。在第 1 部分中，我们定义了技术债务，并解释了如何识别技术债务。介绍了一个技术债务的概念模型及会在本书中使用的定义和原则。我们想让技术债务成为一种客观、有形的东西，可以描述、分类和度量。为此，书中引入了技术债务项的概念，即可以在代码或一些相关的开发工件（如设计文档、构建脚本、测试套件、用户指南等）中清楚地识别出来的技术债务的单个元素。与财务上的比喻保持一致，技术债务项的成本影响由本金和利息组成。本金是指通过在开发过程中采取一些权宜之计或捷径来节省的成本，或者现在开发一个不同的或更好的解决方案需要的成本。利息是随着时间的推移而增加的成本。存在经常性利息：由于生产效率降低、缺陷、质量损失和可维护性问题，在存在技术债务的情况下项目产生的额外成本。此外，还有应计利息：开发新软件时由于不太正确的代码或受到一些极端影响而导致的额外成本。这些技术债务项是技术债务时间线的一部分，在此期间它们出现、被处理，甚至可能消失。

第 2 部分"分析技术债务"，包括第 4 章"识别技术债务"、第 5 章"技术债务与源代码"、第 6 章"技术债务与架构"以及第 7 章"技术债务与生产环境"。在第 2 部分中，讨论了如何通过技术债务项获得一些有用的信息，以便进行根因分析、评估和决策。本部分还讨论了如何追查一个技术债务项的产生缘由及造成的后果。技术债务项的起因可能是一些触发技术债务项生成的过程、决定、行动、行动缺乏或事件。技术债务项造成的后果是多方面的：影响系统的价值和成本（过去、现在和未来），或者直接导致项目延期。这些起因和后果不太可能在代码中找到，它们出现在项目的过程和环境中，例如，在销售或支持成本中。同时本部分还介绍了如何识别技术债务，以及技术债务在源代码、系统的整体架构、生产基础设施和交付过程中如何表现。我们更深入地研究技术债务，就会发现它有不同的形式。技术债务全景图会不断扩展，然后将技术债务的这种变化包括进去。

第 3 部分"决定修复什么技术债务"，包括第 8 章"技术债务的成本计算"和第 9 章"偿还技术债务"。在第 3 部分中，讨论了如何估计技术债务项的成本，如何决定修复哪些技术债务。在大多数情况下，系统演进的决策出于经济考虑，例如投资回报（如应该在特定方向的软件开发工作中投入多少，以及得到什么利益）。至于技术债务项，会考虑本金和利息及成本相关因素，评估补救的资源与减少经常性利息所节省的成本。然后重新总体审视技术债务登记表中的项目，并且基于技术债务时间线来确定应该偿还哪些技术债务项，或者以其他一些服务的方式来缓解其带来的负担：消除、减轻或避免技术债务。在考虑风险责任和机会成本的商业案例中，会讨论如何做削减技术债务的决定。

第 4 部分"从战略和战术上管理技术债务"，包括第 10 章"技术债务的成因是什么"、第 11 章"技术债务信用检查"，以及第 12 章"避免非故意的技术债务"、第 13 章"与技术债务共存"。在第 4 部分中，提供了一些管理技术债务的建议。管理技术债务的关键是知道引起它的原因是什么，从而防止今后出现类似的技术债务。原因可以有很多，可能与业务、开发过程、团队的组织方式或者项目的上下文有关。我们提供了技术债务信用检查的手段，这有助于识别产生技术债务的根本原因。最后，技术债务证明了其在软件工程实践中是无法避免的。任何团队都应该将其纳入软件开发活动中，从而把无意识引入技术债务的可能性最小化。在此过程中，我们学到的原则和实践将构成一个用于管理技术债务的工具箱。

今天能做点什么

通过给你的技术债务命名来申请第一项本金吧。然后当你阅读每一章的时候，尝试将一些基本的技术实践应用到日常开发中，并且随着时间不断深入。

扩展阅读

由 Ward Cunningham 撰写的 1992 年 OOPSLA 经验报告 "The WyCash Portfolio Management System" 中提出了债务的概念，该报告经常被引用。

Steve McConnell（2007 年）提出了一个最简单、最可行的技术债务定义："一种在短期内为了实现功能而实行的权宜之计，其同时创建了一个技术的上下文，晚些时候在这个上下文中实现相同的功能将花费更多的成本。"我们目前对技术债务的定义是 2016 年 4 月在德国举行的为期一周的达堡研讨会上确定的（Avgeriou 等，2016 年）。

1994 年，Wayt Gibbs 对软件危机进行了全面描述，他采访了许多行业中的软件先驱和从业者，包括 Larry Druruffel、Vic Basili、Brad Cox 和 Bill Curtis。

Fred Brooks 在 1986 年发表了题为 "No Silver Bullet" 的论文，这是一篇我们必读的论文，该论文也是他的著作 *The Mythical Man-Month*（中文版译作《人月神话》）10 周年纪念版的一章。Brooks 提醒我们，"无论是技术还是管理，都没有哪种单一手段能够承诺未来十年内在生产率、可靠性和简单性方面带来一个数量级的提升。"

一个长久的软件工程原则应该是一个简单的陈述，表达一些普适真理。它是"可操作的"（即使用规范的措辞）；独立于特定的工具或工具供应商、技术或实践；可以在实践中检验和观察结果；也不仅仅是在两种选择之间的妥协。有两本关于软件工程原则的经典著作：Alan M. Davis（1995 年）的 *201 Principles of Software Development* 和 Robert L. Glass（2003）的 *Facts and Fallacies of Software Engineering*。在 *Agile Principles as Software Engineering Principles* 一书中，Norman Séguin（2012 年）透彻地分析了一个好的软件工程原则由哪些要素构成，这些原则远远胜过格言、愿景或一些陈词滥调，他还揭示了一些关于原则的神话。

第 2 章

什么是技术债务

借助一个金融领域的比喻，技术债务的概念将有关决策制定的讨论从技术或经济的角度转移到另外一个角度。从这个角度出发，开发人员和管理人员能够更好地理解软件开发中的权衡和妥协，并决定前进的方向。在本章中，我们通过在软件开发生命周期中不同类型的开发工件所表现的技术债务形式来描述技术债务全景，并更深入地探讨技术债务项的概念、造成它的原因，以及其作为本金和利息所带来的经济后果。本章还将介绍技术债务时间线的概念，以帮助你了解技术债务是如何随着时间的推移而发展的。

框定讨论的范围

在第 1 章中，我们将软件密集型系统中的技术债务定义为："由设计或实现的工件造成，这些工件往往在短期内是适合的，但是由它们建立的技术上下文会使未来的变更成本更高或使变更不可能实现。"现在我们补充道："技术债务是一种潜在的负债，其影响仅限于系统的内在质量，主要但不限于可维护性和可演化性等方面。"

从外部观察或使用软件产品时，技术债务通常是不可见的。它主要表现在两个方面：系统演进的困难和额外的成本（即添加新功能），或系统维护（即在技术环境变化时保持系统运行）。然而具体而言，当你深入软件里面仔细查看时，就会发现它有许多不同的形式。

在这一章中，我们将研究与技术债务有关的软件开发全景，然后深入挖掘这个定义的技术和经济含义。

技术债务全景

　　图 2.1 展示了一种典型的技术债务情况，可以看到软件开发人员为改进系统而努力解决的开发问题。我们将可见的问题（如新特性请求和需要修复的缺陷）与几乎不可见的问题（仅对软件开发人员可见）区分开来。与演进相关的问题主要出现在图 2.1 的左侧；与维护和质量相关的问题主要出现在图 2.1 的右侧。

图 2.1　技术债务全景

　　我们关注的是演化和维护中最不可见的方面。技术债务在不同类型的开发工件（如代码、架构和生产基础设施）中有不同的形式。技术债务的不同形式以不同的方式影响着系统。

　　源代码包含了许多设计和编程决策。可以使用静态检查器对代码进行审查、检测和分析，以发现更细粒度的问题：违反编码标准、糟糕的命名、代码重复、不必要的复杂度或具有误导性质的代码或不正确的注释。许多这些技术债务的现象被称为"代码异味"。当系统在源代码级别上产生技术债务时，这种技术债务往往会降低可维护性，导致有需要时很难对系统进行修复。

　　其他技术债务项更加广泛和普遍。它们涉及架构的方方面面：平台的选择、中间件、通信技术、用户界面或数据持久性。静态代码检查器不会发现由它们造成的技术债务。这些因素的本金和利息往往高于代码层面的技术债务。当系统在架构级别上产生技术债务时，技术债务往往会降低可演化性：在系统中很难扩展新的功能或质量特性，例如扩展到支持更多的用户、处理不同类型的数据等。

并非所有的技术债务都与糟糕的内在质量有关。随着时间的推移和技术环境的演变而产生了技术债务并不是因为质量差。在你构建系统时，你的系统可能有最好的设计（或代码），5 年后，由于你所处的环境发生了变化，而不是由于系统已经退化，使系统深陷技术债务之中。原始状态和当前环境之间的技术差距无可避免地越来越大。举个例子，也许你选择了 AngularJS 作为前端 Web 应用程序框架，但是从最近的版本开始，AngularJS 发布文档宣布将不再支持 Internet Explorer。你忽略了许多版本的兼容性问题，专注于实现其他功能，直到你发现使用 Internet Explorer 的客户并不像你最初想象的那么少。你负债只是因为时间过去了，你没有必要重新审视你最初的选择，因为你没有在最初的选择中走捷径。

最后，一些技术债务项不是与生产环境的业务代码相关，而是与生产环境中其他工件的代码密切相关：构建脚本、测试套件或基础设施部署。

在技术债务的全景图中，技术债务不变的特点是它的不可见性。技术债务在系统的开发组织之外是不可见的，它对客户、购买者和最终用户基本上是不可见的。这些相关方只会从外部查看并评价。他们受到开发组织发展或软件产品维护能力下降的影响，在更严重的情况下，还会受到整体质量下降的影响。在金融界，你开着宝马，却没有明显的证据表明你仍然欠银行 50%的车贷。在软件开发中，最终用户使用你的软件时，并不知道你的组织在产品上欠下了多少技术债务。

一些开发人员（以及工具供应商和研究人员）认为缺陷或者任何其他形式的对外部可见的低质量因素是技术债务；一些开发团队甚至认为未实现的需求是技术债务。这使得技术债务成为一个过于庞大的类别，从而成为一个似乎无用的概念。缺陷和较低的质量（性能差、用户界面笨重、不稳定和安全漏洞）并不是技术债务。这些是对外部表现得质量低下，这个系统运转不正常，问题必须得到解决。然而，质量低下可能是技术债务带来的后果。软件从业者已经知道如何跟踪和管理缺陷，统一管控需求。技术债务指的是一类在历史上没有被跟踪或管理的问题，它们代表了技术决策之间的权衡，以及随着系统的演进而产生的不断变化的结果。

正如在后面的章节中所解释的，缺陷、新需求和技术债务都必须在规划未来的工作时考虑，因为这三者在软件开发过程中都会争夺资源。这需要开发组织努力，让它们以不同的方式给软件产品带来价值。但目前，我们先将注意力集中在技术债务全景上。

技术债务项：工件、原因和后果

所有的软件密集型系统，无论在什么领域或规模大小，都存在着某种形式的技术债务，如果不及时地进行管理，就会对软件的发展产生负面影响。这种技术债务不是单一的或整体的，它可以被分解成几十个或几百个项目，我们称之为技术债务项，它们随着时间而累积。

技术债务项与开发工件（一段代码、构建脚本或测试用例）的当前状态相关。你可以很清楚地识别出一个具体的开发工件。技术债务项会影响工件的状态，从而使得对软件系统的改进更加困难：软件系统的演进更慢、更昂贵、更容易出错、风险更大，甚至变得不可能。技术债务项给进一步的发展增加了一些摩擦，使发展更加困难。那么，在实践中，应该如何管理技术债务项呢？可以将它们映射到你用来管理待办列表的工具中的条目，也可以映射到你的问题跟踪工具。

技术债务是软件系统的一种状态，它的产生有多种原因，也会带来多种后果。每个技术债务项都有一个或多个产生原因。我们观察到的最有可能的原因是项目交付压力。迫于内部的交付压力，开发团队为了节省时间和精力，通常会选择一条现在看来是权宜之计的道路。但正如第 1 章中的故事所说，技术债务的产生还有其他原因。例如，你可能希望研究一种产品解决方案，使初始投资最少，或者可能不知道有更好的方法。虽然大多数技术债务都可以追溯到开发组织所做的一些有意或无意的决定，但是有些原因与开发人员或业务方面的任何人所做的任何决策均没有联系。一些技术债务是由系统外部发生的变化引起的，如果真是如此，那么你的系统就将遭受技术债务，因为那意味着你的软件已经老化了。我们将在第 6 章和第 10 章中进一步讨论 "技术鸿沟"。

注意，不要把技术债务和技术债务的起因混淆起来。必须严格遵守最后的交付期限不是技术债务。但是这种必要性可能会导致你做出一个改变工件状态的权宜选择。或者你可能会错过最后期限，因为当前的技术债务拖慢了你的速度，这是技术债务带来的后果。

在大多数情况下，如果技术债务造成了一定的后果则意味着开发组织未来要增加成本。"我们现在先把它做出来，以后再决定是否能把它做得更好。"从本质上讲，技术债务不是借来的钱，而是借来的时间，或者更准确地说，是借来的成本，组织可以将其转化为货币术语。这些额外费用并不总是明显地与具体的技术债务项有关。相反，它们以降低速度（或生产力）、更长的发布周期甚至影响开发团队士气的形式出现。

然而，技术债务可能会在未来在发展计划之外产生代价高昂的后果，它也可能导致更多的缺陷，因为对一些开发人员来说，它使系统的演进更容易出错。例如，如果技术债务的表现形式是缺少文档或代码，或者文档和代码难以阅读或过于复杂，开发人员可能就会在对这些代码进行修改的过程中无意地引入错误。紧接着，这个错误可能会对软件的价值产生一些影响，并带来将来的修复成本。

通常，这些后果（非预期的开发、较低的生产力和系统的脆弱性）首先只对开发团队可见。它们是技术债务的外在表现。症状本身并不是完整的技术债务项，尽管一些开发团队和软件经理错误地称它们为技术债务。我们需要一些更深入的调查来识别相关开发工件的实际状态，第4章、第5章、第6章和第7章会展示如何操作。另一个类比是，如果技术债务是一个健康问题，那么胃痛、咳嗽或高烧就是后果，这也被称为症状，而吃了被污染的食物或在6个小时的飞行中，机舱拥挤，而你又坐在生病的人旁边可能是生病的原因。缓解症状，如服用退烧药，往往不能解决问题。为了找到病因，我们有必要确定肺或胃的状态，以有效地诊断疾病和治疗疾病。

本金与利息

金融债务，比如房屋抵押贷款，其带来的后果可以用本金和利息来描述。而与技术债务项相关的本金和开发团队为消除它所花费的努力成正比。类似地，如果团队将技术债务项留在系统中，那么这个技术债务项所引起的利息就是在额外开发中所花费的成本。此外，本金和利息都会随着时间增长，因为更多的开发依赖于相关的工件，最终会使偿还债务越来越昂贵。

我们用一个简单的例子来说明这些概念。

第一步：承担一些初始债务

你需要在软件系统中实现一个新特性，例如库存管理。你可以选择以下两种设计方案之一。

- **设计方案 U**: 一个基于 MEAN 技术栈（MongoDB，Explore.js，Angular.js，Node.js）的自建方案。这是权宜之计，不太好扩展，但它的开发成本很低，比如，6 人/天。
- **设计方案 V**: 一个商业中间件产品，它有一个更好的设计，该设计优雅并具有可扩展性，但它的费用较高，为 10 人/天。

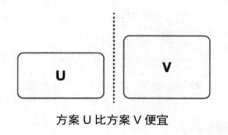

方案 U 比方案 V 便宜

注意

在上图中，用盒子表示开发成本：盒子越大，开发的成本就越大。

由于时间紧迫，你选择自建的设计方案 U，作为第一个版本。你的选择并不是"错误"的，无论选哪个选项，你的库存管理都将完美地工作。

第二步：完善系统并面对债务

对于第二个版本，你希望实现一个新功能：一个订单输入功能，该功能依赖于库存管理，因此也依赖于方案 U。我们姑且把订单输入功能的实现叫作 W。

在"尽管快但只是权宜之计"的自建方案 U 上实现订单输入功能 W 的成本很高，为 W/U。如果你首先选择了中间件产品方案 V，则成本为 W/V。很明显，U 的成本比 V 高。

因此，与自建方案 U 相关的代码已经存在了一些技术上的债务。而你在此技术债务上支付的利息是在方案 U 上实现新特性所需的额外成本，相对应的是，在中间件产品方案 V 上实现新特性也会产生对应的利息，只不过相比 U 而言更少。

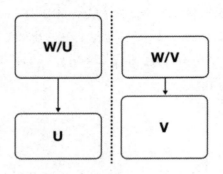

W 较之于 V，比 W 较之于 U 便宜

第三步：决定如何处理债务

你现在有另一个选择：

- 你可以丢弃方案 U 转向实现中间件产品的方案 V 来偿还债务。因为 U 不能重构，所以这种选择需要全价支付 V：原始本金等于节省的成本加上替换 U 的成本。通过选择这个选项，你避免了任何因新功能开发导致的利息。

- 或者你可以选择在 U 的基础上实现订单输入功能 W。

你的选择很可能会受到成本和时间压力及它们的重要程度的直接影响。在 U 上实现 W 的额外成本（即利息）与用商业中间件解决方案 V 替换自建解决方案 U 的成本相比是很小的，并且不能被因实现新功能（如在 V 上实现订单输入功能 W）所付的较低成本所抵消。

如果以 V 来取代 U 的成本为 10 人/天，但是在 U 上实现 W 的成本只比在 V 上实现 W 的成本多 1 人/天，你可能会选择便宜的一方：接受利息并且推迟以 V 来代替 U 的决定。

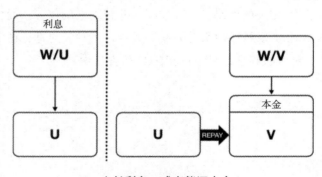

支付利息，或者偿还本金

第四步：仅仅支付利息

如果你不偿还本金，你的技术债务将继续累积，例如你添加了新功能 X，如下图所示。你没有增加新的技术债务项，但是增加了处理当前技术债务项的成本。在以后的某个时候，如果你决定用更好的 V 代替 U，则还需要改造 W/U 和 X/U，使之为 W/V 和 X/V。换句话说，基于 U 出现的每个特性（W、X 和任何其他特性）也必须调整为基于更好的 V 来实现。因此，从 U 改变到 V 的成本增加了（图中的本金*）。

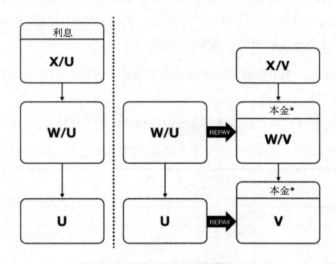

支付更多利息，或者偿还更多本金

利息是技术债务的关键概念。事实上，了解技术选择中的利息是如何以及何时累积的，有助于确定是否应该将某个问题作为技术债务项进行管理。有时你有很好的理由选择接受利息。但这种选择往往是无意识的，会导致开发成本增加。对技术债务项的管理能增加它们的可见性，这样你可以更好地评估它们带来的后果，并对处理债务的时间和成本做出明智的权衡。

成本与价值

到目前为止，我们一直围绕着以本金与利息表示的成本来描述技术债务。但与金融债务一样，技术债务也有一定的价值。通过抵押贷款买房，你获得了价值：你现在就可以住进自己的房子，而不是等到 60 岁才买得起。类似地，软件项目承担技术债务，不管是否有意识，这样做可以创造一些即时的价值。就像所有其他的经济活动一样，我们需要做出权衡。必须限制成本，实现价值最大化。

虽然价值和成本都是用货币来表示的（美元、欧元或日元），但它们是不同的，不要把它们弄混淆。

成本意味着任何开发开销：把一个系统开发出来并最终送达用户付出的成本。对于软件密集型系统，成本主要来自对软件开发人员的劳力补偿。要估算软件开发人员的成本，必须能够估算他们花费在开发上的时间。成本有两种形式：

- **经常性利息**：每当系统必须继续添加新功能时，由技术债务而产生的经常性额外费用（可能还在增加）。
- **本金和应计利息**：为偿还债务而改变设计和推翻相关部分（临时解决方案）的成本。

我们以一个典型的信用卡账单的例子来说明经常性利息和应计利息的区别，如下所示。

信用卡	成　　本	软件开发类比
本金（月初）	1000.00 美元	当前修复成本
月利息	50.00 美元	应计利息（临时解决方案）
财务费	35.00 美元	经常性利息（团队变慢）
结欠余额	1085.00 美元	

该月的利息相当于应计利息，它作为一种在未来必须支付的费用被添加到本金中。每月 35 美元的财务费用相当于经常性利息；只要你的余额不为零，你就得付钱。（这里仅仅是举例，不是生活中真实情况。）我们假设你只支付这笔财务费用而不偿还本金。下面显示了结余情况。

信用卡	成　　本	软件开发类比
本金（月初）	1050.00 美元	修复成本上升（应计）
月利息	52.50 美元	改进与匹配临时方案
财务费	35.00 美元	仍在减缓总体进展
结欠余额	1137.50 美元	

如果你继续延期还款，从一月一直到年底你都将每月支付 35 美元，共计 420 美元的财务费用。由于每月的复利，本金将增加到 1795.86 美元。

这个类比有一点漏洞，在软件开发中，利息不是本金的一个固定百分比。你可能不会一直都有利息，或者可能只有经常性利息。本金可以因各种原因而变化，变得与最初的本金不同。在这个比喻中，还有一些其他细微的问题，包括我们在上面描述的随着时间流逝所产生的债务，尽管你可以认为它来自没有维护房子的雪松木屋顶：当你建造它时，它是完美的；但 15 年后，它已经腐烂，必须重建。

价值是企业从销售软件中获得的利润，或者是最终用户或系统的购买者所感知的价值。价值比成本更难估计和预测。会计部门目前只能告诉你销售的实际价值。

当你评估和决定如何处理技术债务时，你必须预测。预测是困难的，因为你需要比较未来的不同情景，以及与之相关的不同价值和成本。一个比较好的处理估算细节的方法是使用一些具有价值属性的中间词汇。许多软件开发过程和组织使用成本点，例如功能点、用例点、故事点，以及类似的术语。然而，并没有一套绝对完美的价值术语。

我们再来看之前那个简单的例子，这次我们来看一下成本与价值。无论你在第一个版本中选择快速的方案 U 还是更复杂的方案 V，在第二个版本中交付的 W 特性的价值是相同的。但是，使用设计方案 U 更便宜。请记住，技术债务不是一个外部可见的缺陷，因此在不考虑成本的情况下，最终用户在这一点上获得了相同的价值。

在下一个版本中，我们将添加新特性 X。无论你使用设计方案 U 还是 V，所交付的总价值都是相同的。

要想通过多个版本对给定的成本进行价值优化，应该选择更复杂的方案 V。价值也会受到交付时间的影响。一方面，选择方案 V 会推迟特性 W 的初始交付时间，这可能会降低特性 W 的市场价值。但是随着系统的发展，在方案 V 上投资会减少因添加新特性付出的利息。另一方面，选择方案 U 产生技术债务所得的价值是快速交付所节省的时间。这是一种有价值地利用技术债务的方式，也就是说，这是一种投资，源于对业务的权衡和对技术路线的积极管理——如果软件的开发工作被认定是高风险的，或者如果你已经准备不再负责系统的开发，那么永远不要在方案 U 上实现特性 X。

分期付款计划

Ben Northrop

通常偿还金融债务有许多选择，技术债务也是如此。尽管我们可能想要全部还清每一笔贷款（或技术债务项），但是考虑到项目的约束、风险和环境，分期偿还贷款通常更实际。

几年前，我为一个食品服务客户开发一个自助应用程序。该系统支持许多功能，从浏览菜单到计算营养成分，但主要功能是让饥饿且时间紧迫顾客快速下单。这个效率组件是至关重要的，所以最重要的设计理念是保持用户交互尽可能快速和简单——这样客户只需要点击和滑动，而不需要输入。

然而，原则是用来打破的。项目进行了大约一年，最后决定还是要有输入。重要的客户希望能够登录并看到他们收藏的菜单或接受个性化推荐，并且必须使用花哨的二维码识别程序来实现即时认证（类似星巴克的功能），因此我们需要实现一个简单的电子邮件/密码登录界面。我们确信，无论如何，这个特性是一次性的，它将是我们需要支持的唯一的交互功能。

箭在弦上，不得不发。我们开始为新的登录功能实现一个虚拟的屏幕键盘。我们确信这种类型的特性只是一种特例，所以我们很高兴地将虚拟键盘的代码直接嵌入登录界面。其迅速而取巧，但却有效。

当然，几个月后，情况发生了变化。用户研究小组表示，一开始并没有登录的用户仍然希望在下单过程之后能够输入他们的电子邮件地址，因此，正如我们本应预料的，我们现在的任务是支持第二个通过虚拟键盘输入的特性。如果我们最初以通用的方式实现键盘（例如，将其抽象为某个公共小组件），那么重用就会很容易。相反，我们的代码被紧密地绑定到登录界面，解决这个问题并不容易。使问题更加复杂的是，我们已经进入了发布周期的最后冲刺阶段，开发时间已经很有限了。

摆在我们面前的选择是清晰的：要么我们把虚拟键盘提取到一个公共组件中（也许我们应该一开始就这样做），并承受代码重构和附加测试带来的额外成本。或者我们可以走一条简单的路，直接复制并粘贴原始的虚拟键盘代码，将其再次嵌入功能代码中，这次是电子邮件输入界面。随着时间的流逝，我们"贷款"了。

在接下来的几个月里，我们当初的决定被证明是正确的。我们不仅按时完成了任务，而且发现"债务"是可控的。当然，虚拟键盘中有一些小缺陷或风格上的变化，需要进行重复的修复，但是总体上支付的利息很低，而且我们清楚以后需要支付的债务（也就是说，它在我们的"待办列表"中）。

　　然而，几个月后，第三个输入需求出现了。这一次，我们不希望再次采用复制/粘贴的方式增加我们的"债务"规模，但是随着后期团队的缩减，我们也知道没有能力在一次 sprint 中付清所有的本金。有没有一种方法可以让我们既避免陷入更多债务中，又不偿还全部贷款？

　　我们的办法是分期偿还债务。我们认识到虚拟键盘由三部分组成：样式（CSS）、模板（HTML）和控制逻辑（JavaScript）。此外，从过去几个月的维护中可以明显看出，大多数更改都与外观无关，而且逻辑总体上是稳定的。

　　考虑到这一切，我们决定分三期来偿还债务。在第一个 sprint 中，我们将 CSS 类提取到通用样式表中，但保留了重复的模板和控制逻辑。在这个 sprint 之后，我们处理了模板代码，将其提取到一个可重用的 HTML 片段中。在第三个 sprint 中，我们将控制器中一些重要的逻辑块抽象为一个通用的 JavaScript 库。然而，这并不是最纯粹的设计，如果我们从一开始就知悉一切，肯定也不会想出这样的设计，但它却是可行的。在三期较小的债务支付过程中，我们能够完成 80% 的解决方案，只留下非常小的重复代码的债务。我们认为不需要偿还这些代码的债务。

　　关键是，对于任何一个特定的技术债务项，在"什么都不做"和"全部付清"这两个明显的极点之间往往有多种选择。不过，对我们来说，这两种方法都不是完美的，分期偿还技术债务是满足业务需求的一种切实可行的方法，而且使我们的技术债务总体可控。

潜在债务与实际债务

　　并非所有技术债务项都具有相同的影响。一个问题是否是实际的技术债务取决于开发团队希望软件系统在未来进行什么样的演进。如果技术债务项位于代码中不受未来发展影响的部分，则该技术债务项只是潜在债务。当它影响到演进时，它就变成了实际的债务。

　　我们再次使用金融领域的类比，把这种与时间和演进的关系具体化。如果你从一家银行借钱，一开始的利息是 0%，那这部分钱好像是免费得来的，它不会给你带来额外的费用。很可能你会计划在利息提高前偿还。但在此之前，你可以将借来的钱用于其他用途。你有债务，但你还没有看到它的影响。这就引出了我们的第二个原则。

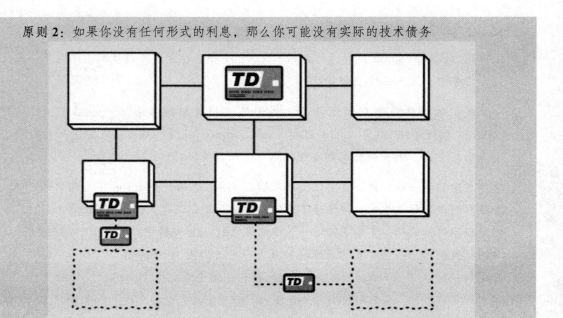

原则 2：如果你没有任何形式的利息，那么你可能没有实际的技术债务

当我们把一个问题归类为实际的技术债务时，我们可以用这个原则作为试金石。系统的业务和技术环境的变化使事情变得很棘手，设计上的选择也可能导致利息的积累方式发生变化。例如，如果系统中存在大量问题的部分与系统的其他部分充分分离并且不需要维护，则该部分当前可能没有利息。了解利息及其变化是理解和管理技术债务的关键。利息不是线性变化的，它会随着系统的发展而波动。因此，管理技术债务不是一次性的活动。

一个系统可能有非常大的潜在债务，但是在给定的时间点上，基于系统演进的程度，这个潜在技术债务中可能只有一小部分是实际债务。这一区别促使我们调整补救技术债务（或偿还）的思路。我们首先关注实际债务，其次才是潜在债务，而且基于其发生的可能性来考虑。

技术债务时间线

如前所述，时间在技术债务中扮演着重要的角色：技术债务只在软件系统演进时才起作用。如果系统永远不演进，你就永远不需要支付任何利息，因此即使有技术债务也影响不大。

我们来看看技术债务时间线，它显示了技术债务是如何随着时间推移而演变的（见图 2.2 ）。

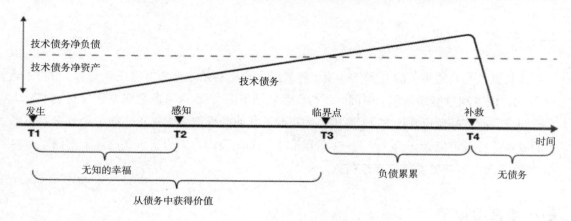

图 2.2　技术债务时间线

T1：发生

发生是指由于任何好的或坏的原因，将技术债务项引入系统的时间点。

T2：感知

感知是组织看到技术债务项的症状的时间点。故意产生的技术债务，通常来自深思熟虑的决定，或者为了一些直接明确的利益，此时 T2=T1。开发团队做出了明确的决定并清晰地将其记录了下来。但是对于许多开发项目来说，很多技术债务项只是无意中发生的，并且只有在以后，当开发速度减缓了或缺陷的症状指向了之前奇怪的临时解决方案时，才会被发现。例如，代码中的 "fix me" 注释，或者 "to do" 标签。这种情况下，在 T1 和 T2 之间的那段时间可以说是无知的幸福时光。

T3：临界点

临界点是技术债务的成本开始超过债务产生的原始价值的时间点。在 T1 和 T3 之间的那段时间，由于经常性利息和不完全正确的代码的应计利息（需要修改）的发展较慢，因此你有可能会更好地偿还债务。在 T3 之前，你也可以选择接受它，因为实际上你从技术债务中获得了一些价值。而 T3 是一个拐点，你现在付出的比获得的要多。

T4：补救

补救就是从系统中去除技术债务项。补救成本包括初始本金和所有应计利息。在 T3 至 T4 期间，债务利息继续累积。但同时（与金融领域不同），本金可能会演变得与初始本金非常不同。因此，补救通常比在 T1 撤销不太正确的代码并采取本来是正确的解决方案要花更多的成本。补救可能会导致一个与 T1 阶段非常不同的设计，因为上下文已经大不同了。在 T4 之后，你也不需要支付经常性利息。

……或者没救了

千万不能让 T4 的时间点出现。如果 T3 的临界点处在遥远的将来，那么即使修复成本可能会高得令人望而却步，你仍然可以推迟做决定的时间。因此，可能有一段时间是从 T2 开始的，在此期间，你只需承担技术债务，并接受和支付任何经常性利息。当技术债务项被限制在源代码的某个部分（将来不太可能变化）时，很可能会出现这种情况，因此它具有非常小的经常性利息，并且没有应计利息。

深谙技术债务的组织可能不会等到达到 T3 临界点，而是尽早开始补救。

在随后的章节中，我们会讨论以下关键问题：

- 负债值得吗？
- 一旦有了技术债务，应该在什么时候偿还？
- 如果无法偿还所有债务，则应该优先考虑偿还哪些部分？

软件开发组织通常在控制成本的预算范围内运作。他们试图在每一步开发或每次发布中优化交付的价值。当他们决定每一步做什么时，通常面临着在预算之下的需求竞争，包括添加新特性、扩展系统、提高质量（特别是减少缺陷）和减少技术债务。他们需要评估这些竞争性需求的成本和价值。

今天能做点什么

在开发、演进和维护软件系统的过程中需要权衡技术、组织、社会和业务方面的利弊。权衡的结果越明确，沟通越广泛，你就越有可能从战略层面分配资源。从今天开始，请理解技术债务的丰富涵义并与系统的主要相关方进行交流：

- 在你的项目上下文中确定一个清晰、简单的技术债务定义。

- 对团队进行技术债务的知识普及。

- 对项目中的人员进行技术债务方面的培训，这些人员包括管理人员、分析师、产品经理。

- 在你的问题跟踪系统中创建一个"技术债务"类别，并与缺陷或新特性区分开来。

- 将已知的技术债务作为长期技术路线图的一部分。

- 如果外部供应商是项目的一部分，则将我们关于技术债务的计划与活动告知他们。

在接下来的章节中，我们将了解更多不同的管理技术债务的原则和实践。我们将建立一个工具箱，以便从容地权衡利弊并在战略层面管理技术债务，而不是被技术债务所淹没。

扩展阅读

Construx 的 Steve McConnell（2007 年）是第一个对技术债务分类的人，他将小的、分散的、非故意的债务与大的、故意的和战略性的债务区分开来。ThoughtWorks 的 Martin Fowler（2003 年）提出了一个不同的分类法观点，他强调随着时间的推移，一个不断发展的环境会导致"谨慎但非故意的债务"。

Steve Freeman 和 Chris Matt（2014 年）认为传统的金融债务并不是最好的比喻，软件技术债务更像衍生品金融市场上一种未对冲的看涨期权。买主付了一笔保险费，以便日后决定是否购买产品。卖方收取保险费，如果买方决定购买产品，卖方需要出售产品。这对卖方来说是不可预测的。当你欠下技术债务时，你会收取保险费：你可以立即从中受益（时间短）。

但是一旦你必须维护或发展这个代码库，就会触发"出售"行为，即不得不付出不可预知的努力来实现你的新目标。

技术债务全景的概念是在 2012 年苏黎世举行的国际软件工程会议（International Conference on Software Engineering，ICSE）上的一个研讨会上提出的（Kruchten 等人，2012 年）。技术债务原则是在 2013 年旧金山举办的 ICSE 研讨会上提出的（Kruchten 等人，2013 年）。

第 3 章

土星的卫星——关键的上下文

在这一章，我们将介绍三个案例，这三个案例将贯穿整本书。我们通过这三个案例来说明技术债务的主要概念和管理它的策略。对于所有长期存在的软件密集型系统我们都必须在一定的上下文中处理它的技术债务。软件开发组织可通过上下文中许多因素的相互作用和具体情况来了解系统并探索技术债务的产生原因和带来的后果。

视情况而定

当询问有关软件开发实践的问题时，你是否经常听到"视情况而定"的回答？这真的不是回避问题的一种方式。世上没有放之四海皆准的答案，没有普遍适用的技术，也没有标准的配方。答案确实取决于描述系统上下文的许多因素，其中 8 个因素如图 3.1 所示。

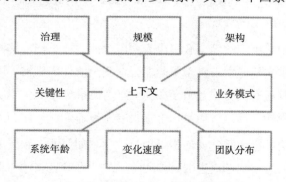

图 3.1　视情况而定：上下文的许多因素

- **规模**：首先，系统的规模是最大的因素，因为它决定了团队的规模、团队的数量、团队之间是否需要沟通和协作、变化的影响，等等。人月数量、代码量和开发预算都是可能的衡量指标。规模通常与复杂性相关。系统规模越大，积累的技术债务就越多。

- **架构**：在项目开始时是否有一个实际工作的架构？大多数项目都不是全新的，不需要做大量的架构工作。不同的领域有各自约定俗成的基本架构。许多关键的架构决策是在开发的最初几天做出的，例如中间件、操作系统和编程语言的选择。这些选择可能基于开发人员熟悉的知识和他们的直觉，而不是对系统长期走向的仔细分析。第 6 章会谈到架构级别的技术债务，这种技术债务很难被识别，而且偿还成本非常高。

- **业务模式**：项目的资金流是怎样的？如何获得资金？你正在开发的是一个内部系统、一个商业产品、一个合同客户的定制系统，还是一个涉及许多不同方面的大型系统的组件？它是免费的开源软件吗？财务方面的约束是产生技术债务或决定补救技术债务的关键因素。

- **团队分布**：团队分布通常与项目的大小相关。有多少个团队参与并可供调配？如果是分布式团队，在做出决策及维持软件组件之间的稳定接口时，就需要进行更多的协调和沟通。沟通问题和组织孤岛会导致技术债务的积累，尤其是在架构级别。

- **变化速度**：尽管敏捷方法都是为了拥抱变化，但并不是所有的系统都会经历快速的变化。许多项目有非常稳定的需求定义。你的业务环境有多稳定？你面临多少风险和未知因素？需求的不稳定更容易使团队产生技术债务。

- **系统年龄**：大型和长寿命的系统有更多的机会积累技术债务。这些遗留系统的架构中通常隐藏了一些假设，而对其进行改动可能会触发技术债务的产生。遗留系统会产生约束，这通常是导致技术债务的另一个原因。又或者，干脆创建一个新的系统，减少约束，这样可以继续承担大量债务。

- **关键性**：如果系统出现故障，有多少人会因此死亡或受伤？那些安全关键型和任务关键型系统的需求文档通常来自希望确保公众安全的外部机构。谨慎的验证和确认技术对确保系统按其应有的方式运行至关重要。这类系统经常在如何使硬件或软件跟上时代方面有诸多问题，而这可能是一个主要的债务来源。

- **治理**：如何做出关键决策？如何指导项目？项目如何开始和结束？当出现问题时，谁来决定该如何处理？成功或失败是如何定义的？谁管理软件项目经理？项目和管理之间的紧张关系或缺乏沟通可能会导致技术债务累积，第 10 章会讨论这个话题。

其他因素可以改变软件开发过程的上下文，但它们对软件开发过程的影响多是间接的。它们主要通过刚才描述的 8 个因素来起作用。其他因素包括业务领域、流程成熟度、企业文化、创新程度和经济需求等。

这些因素以许多不同的方式结合在一起，形成一个上下文，在这个上下文中软件开发组织必须规划如何应对技术债务。一个历史悠久的大型公司可能有许多大型项目、重量级的治理流程、专有代码、稳定的架构、大型的全球分布式团队和中等的变化率。一个小的初创公司可能有一个小的代码库、一个不稳定或还算可行的架构，以及一个低关键性、高变化率的系统和一个集中的团队。

三个案例：土星的卫星

这三个案例项目包含不同类型的技术债务，并面临不同类型的策略选择。这里使用上下文因素来描述这些项目和开发中的系统，以便你能够快速了解上下文的概念和系统特征，并思考所述这些是否与你自己的处境相似。这些案例是从与我们实际合作的公司中获得的，但出于保密原因，这里隐藏了许多特征和细节。在某些情况下，我们将两个组织中相似的特征组合为一个案例。

这些例子分别是三家不同的公司在三个不同的领域开发的不同种类的软件密集型产品。我们以土星的三颗卫星来命名这三个项目。不同的尺寸代表了三家公司的规模：

- Atlas（直径：30km）
- Phoebe（直径：213 km）
- Tethys（直径：1,062 km）

了解这些公司规模的一个简单方法是，记住卫星的大小是按字母顺序排列的：Atlas 比 Phoebe 小，Phoebe 比 Tethys 小。

表 3.1 总结了这三家公司及其各自的软件产品在 8 个主要因素及领域和过程这两个方面的关键差异。

表 3.1　对比三个案例

因　　素	Atlas：初创公司	Phoebe：敏捷商店	Tethys：全球巨头
领域	电子商务	医疗卫生 IT	交通运输
规模	400 KSLOC	2 MSLOC	4 MSLOC
架构	数据分析、可用性、可演化性、云、MEAN 技术栈（MongoDB、Explorer.js、Angular.js、Node.js）、大数据	安全性、隐私性、可扩展性、面向服务的软件架构（SOA）、云、大型数据库	安全性（可靠性、高可用性、容错性）、性能、多种设计、硬件依赖、实时嵌入式
业务模式	面向在线用户群的适应市场变化的服务	以合作组织的开源软件促进业务增长	外部客户的主承包商
团队分布	单一集中型团队，流动性高	一个国家的核心团队和几个分散的团队	多个团队（10 个以上），严格定义角色，全球分布
变化速度	以周计	以月计	以年计
系统年龄	初创，积极发展	5 年，针对新市场改造	超过 15 年，在维护中
关键性	否	中	高
治理	最小：内部	中：外部监管合规	高：多个外部标准，遵从法规，需认证
过程	融合 DevOps 过程的灵活敏捷方法，客户至上，多个 beta 版本	使用 Scrum 过程的敏捷方法，涉及产品所有者	混合、迭代、正式文件和质量保证

KSLOC，1000 行代码；MSLOC，100 万行代码

案例研究 1：Atlas——小型初创公司

Atlas 是一家成立仅三年的小型初创公司，其创始人在高级管理层。Atlas 在电子商务领域只有一个产品。

Atlas 开发团队已经在两年半的时间从 4 个开发人员（创始人）发展到大约 15 个。他们使用一个特别的敏捷方法，既不正式也没有严格规范，但是他们每天都互相交流，并且都使用一个定义良好的工具集，这让他们能快速地向客户部署新特性。他们非常关注自己的产品在市场和战术上的"转向"（一个用来表示产品方向变化的术语），并顺应市场调整软件产品规格。团队中没有明确的角色分工，每个人都参与开发的所有方面，包括需求、设计、编码和测试。

Atlas 项目没有经过深思熟虑或明确的架构设计。它没有正式的文档，开发人员表示"代码即文档"。Atlas 几乎完全使用持续交付技术来发布新版本，但是对于使用系统开源版本的用户来说，其维持大约三周较慢的发布节奏。然而，Atlas 的回归测试能力有限。Java 和 JavaScript

语言的代码库，加上一些 C 语言代码，现在大约有 400 000 行代码（400 KSLOC）。

Atlas 的主要业务驱动力是找到自己的利基市场，增加自己的市场份额。开发团队在产品的开源版本中添加了一些功能，以吸引新的商业客户对完整功能版本的兴趣，并借此展示一个更友好的形象。该公司处于一个没有外部监管或治理压力的领域。

由于产品方向不断转变，Atlas 积累了一定的技术债务，主要来自提供新版原型给下一个关键客户参考的交付压力。产品存在可伸缩性和可演化性问题，但代码库仍然相对干净。开发团队只有有限的回归测试能力，并且团队成员对代码主要部分的重构非常谨慎。

代码库当前的技术债务水平正在成为团队成员之间紧张关系的根源。一些开发人员正在努力从头开始构建产品，这样做有巨大的风险，因为进度对外不可见，而这个过程将持续 6~8 周，这激起了管理层的强烈反应。

案例研究 2：Phoebe——可运行的敏捷商店

Phoebe 团队正在开发一个开源软件解决方案，以支持国家层面的医疗卫生信息交换。该产品已经从最初满足小规模需求发展到吸引许多希望建立医疗卫生信息交换系统的组织。该产品已经开发和使用了大约 6 年，在政府和私营部门用户的参与及开发人员的努力下，它一直在发展。Phoebe 的收入来自销售服务，而不是应用程序或源代码。

Phoebe 的核心开发团队是集中式的，但是也有少数开发人员是合作方的，他们也参与开发用户待办事项列表中最紧迫的项目。核心团队的规模在 35 人和 8 人之间波动，并且逐年减少。此外，有时多个分包团队开发了不同的特性。核心团队一直使用 Scrum 过程来管理迭代，并遵循敏捷软件开发实践。

Phoebe 项目的设计经过多年的发展，已经在一个看重安全与隐私等关键问题的竞争领域中取得了领先地位。此外，开发团队必须确保产品符合许多与隐私和医疗数据相关的 IT 标准。Phoebe 项目是使用面向服务的软件范式开发的，现在该组织正在研究将其部分服务迁移到云上。为了开放并使新的组织能够采用该产品，开发团队积累了大量关于架构、设计、开放和代码库的在线文档，以及关于部署、安装和使用的用户文档。这些文档是开放的，但有时由于核心团队的优先级不同访问优先级也不同。

Phoebe 的主要业务驱动力是提供可靠、安全和高效的基础设施，以应对日益增长的医疗卫生信息交换需求的挑战。有许多私营企业的竞争者，不过产品所有者希望通过采用开源模式丰富产品功能，提高产品质量和继续扩大用户规模。

在这个不仅竞争激烈而且受到全国关注的领域，Phoebe 团队努力管理多个有不同需求的利益相关者，在不断变化的技术方面处于领先地位，并维持一个可行的产品。结果是，技术债务增加，不过在大多数情况下是有意引入的技术债务。当 Phoebe 团队试图通过在主要版本中提高技术债务优先级来偿还技术债务时，技术上的僵化已经成为实现这一目标的主要障碍。开发团队跟踪技术债务项，并将这些项与待办事项列表中的其他项目标记为"技术债务"来一起管理。然而，核心团队的成员之间没有一个一致的识别和管理技术债务的流程。例如，团队尝试使用一些工具来研究代码质量，但是没有成功。重大的重构版本已经消除了一些现有的技术债务，或者使其失效，但是 Phoebe 并没有广泛地与它的相关方进行沟通，并且团队也不清楚如何确定最重要的问题。

案例研究 3：Tethys——全球巨头

Tethys 是一个大型的、全球性的、跨业务的组织。Tethys 的产品已经有 15 年的历史了。它的产品是一种对安全极度敏感的嵌入式航空电子软件，该产品是作为一条产品线开发的。产品团队需要平衡已经存在了十多年的不断发展的遗留产品线系统的许多方面：大量的客户安装基础、需要开发的新市场、底层技术的变化，等等。随着客户的功能需求不断增加，公司一直面临着在创新前沿保持竞争力的压力。因此，一方面，Tethys 团队必须在复杂的环境中定义新的敏捷节奏，另一方面，为了满足严格的质量要求（如关键性、可靠性和安全性），团队也必须承担尽职调查的工作。

Tethys 产品由多个开发团队开发，有时多达 100 多个开发人员在同时开发。在项目管理方面，必须在系统工程师、质量保证团队和合规团队（组织内部和外部）之间进行协调。Tethys 团队还与供应商广泛合作，这给开发带来了另一个层次的复杂性。

与此类系统的典型情况一样，Tethys 通过计划中的主要版本升级来满足业务目标。产品的售后支持和产品线中丰富的产品系列是公司的主要收入来源。因此，在升级时经常优先考虑新功能，而不是必要的架构重构。部署的复杂性使得主要版本和一些用于紧急问题修复的次要版本的发布周期以年计算。

在如此长的开发历史中积累了大量的技术债务，其中包括架构问题和代码质量问题，这是开发人员更换和不同的供应商分包造成的结果。虽然代码质量问题也不容乐观，但它们不会妨碍日常的开发。Tethys 承受的最多的技术债务来自架构。必要的架构重构工作没有及时进行，技术已经更新换代了，但是产品还没有更新换代，每个供应商都介绍了他们自己对架构的理解，这样的例子不胜枚举。尽管不是每个人都了解这种债务的"血淋淋"的细节或严重程度，但团队中的每个人，从最初级的开发人员到最资深的经理，都意识到了这种债务的存在。然而，很难激励团队分配时间和资金来处理债务，因为没有人知道如何在保持业务运转的同时优雅地减少债务。

案例研究的比较

表 3.2 总结了这三个项目所面临的技术债务问题，以及如何管理这些技术债务。

表 3.2　三个案例对技术债务问题的处理

	Atlas：初创公司	Phoebe：敏捷商店	Tethys：全球巨头
技术债务问题	缺乏可扩展性，缺乏回归测试能力，使用代码作为文档	被证明具有限制性的架构锁定	团队间的假定不一致，高周转率，存在内部代码质量问题，技术落后，系统老化
技术债务感知与管理	对技术债务的认识滞后，解决技术债务问题的优先级与其他事情冲突	识别技术债务，定期重点削减债务，不全面考虑	技术债务大得就像在房间里塞进了一头大象

对于管理技术债务，没有一种通用的方法可以适用于所有这三个项目。上下文因素不仅影响每个组织的技术债务的具体情况，而且影响它的管理方式。

上下文中的技术债务

通过特定的上下文因素及其相互作用可以了解我们的系统，并探索债务产生的原因和带来的后果。我们的基本论调是，所有长期开发软件密集型系统的组织都必须在其上下文中处理技术债务。再怎么强调这一点也不为过，因为这是成功管理技术债务关键的第一步。

原则 3：所有系统都有技术债务

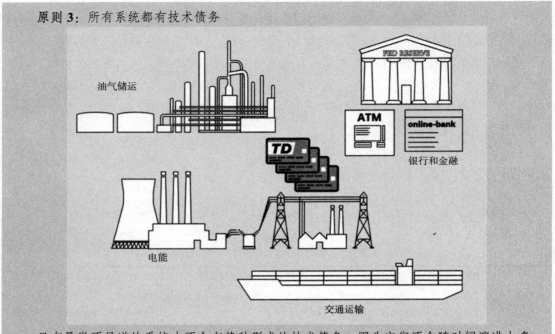

只有最微不足道的系统才不会有某种形式的技术债务，因为它们不会随时间演进太多。其他系统，如安全敏感系统，可能有更明显的技术债务，特别是那些由于审查的升级而可能安全性受到影响的系统。

随着本书讲解的深入，我们将了解这三个不同的组织如何使用各种技术来改进处理技术债务的方式。

所有的机会都伴随着风险

Linda Northrop

我们做出人生的决定——选择大学、选择职业、找工作、竞争升职、选择伴侣、买房子、生孩子。在每一个决定中都有内在的机会可以实现自我和成长。但是，内在的风险也同样存在。风险是尚未发生的问题。生活决策中的风险可能会变成问题，导致不同程度的不满、挫折，甚至更糟的情况。

软件也是如此。这里我分享一些经验。

考虑 20 世纪 70 年代无数设计师和程序员做出的一个决定：使用一个两位字符串来保存年份。为什么他们会这样做呢，年份应是一个四位数呀？原因是存储空间在当时是一种珍贵的东西，每一个保存数据的机会都是重要的，特别是对于像年份这样无处不在的东西。当时这种办法是可行的。那真是太棒了……直到 20 多年后，这些过剩的系统加在一起产生了一个重大问题，它可能带来灾难性的后果，并造成全球性的巨大的技术债务。在 2000 年之前的几年里，该问题被称为"千年虫"问题。以下的故事来自我自己的亲身经历。我设计并编写了其中一些系统。糟糕的是，我用 PL/I 编写了一些程序，这些程序可以覆盖不同类型的存储空间，例如我使用的 year 字段！我为什么要这么做？因为这是一个节省存储空间的好方法，而该风险变成问题的可能性微乎其微。我只是没想到 10 年后仍会有人使用这些系统，更别说 20 年后了。我很少担心我的系统在 2000 年 1 月 1 日前还有技术债务需要偿还。谢天谢地，确实没有。

下面是另一个最近的例子。从 1994 年开始，美国陆军战术指挥控制系统（Force XXI Battle Command Brigade and Below, FBCB2）被设计为移动作战（智库、悍马、直升机、前沿作战基地）的软硬件原型演示系统，这个系统将改变态势感知能力。对于那些没有军事背景的人来说，态势感知意味着知道以下这些基本问题的答案：我在哪里？我的伙伴们呢？敌人在哪里？周围环境怎么样？

FBCB2 率先（与其他创新方法相比）使用 GPS 接收器、战术互联网和具有人机交互能力的本地计算机显示器（Bergey 等人，2005 年）。这样，设计师和开发人员就有机会为作战人员（他们仍然依赖于物理地图）提供前所未有的、复杂的能力：基于软件功能优先级来做出决策。

毫不奇怪地，在将功能划分出优先级的架构决策中也存在风险。它对于可修改性、可伸缩性、互操作性和可扩展性的支持并不到位。随着 FBCB2 得到广泛的接受和赞誉，与架构决策相关的技术债务成为问题。修改、新配置和维护被证明是困难和昂贵的。这个系统确实需要进行架构重构。在我看来，在开始时可以建立一个不那么强大的系统来拯救生命，同时要承担将来难以演进和可持续发展的风险，但承担这样的技术债务是值得的。

最近，一位同事分享了他的软件开发组织选择 AngularJS 的经历。这是一个利用强大的前端 Web 应用程序框架的好机会，该框架被广泛使用、支持且互操作性很强。在 AngularJS 和数百个使用 AngularJS 的内部应用程序之间，有一个专用的框架。AngularJS 不仅提供了功能，还提供了跨底层应用程序的标准。在大家看来，使用 AngularJS 几乎没有什么风险……直到 Angular 2（现在简称 Angular）发布并取代了 AngularJS。Angular 在语言（现在是 TypeScript）和特性上与它的前辈有很大的不同。结果是，将专有框架和相关应用程序迁移到 Angular 需要大量的技术支持。仅升级底层专有框架估计需要一年时间，在准备好它之前，将继续基于AngularJS 更新应用程序。有些应用程序选择了一种更快捷的更新方式，即脱离常规，直接使用 Angular 重新开发。但跨应用程序的标准现在已经丧失了。尽管如此，相对于 AngularJS 和 Angular 提供的机会，冒这个风险是值得的（至少在我看来）。这样的话，技术债务在根源上的耦合可能从一开始就已经减少了。

我还可以分享很多其他的例子。虽然我没有科学证据来证明我的观点，但我生活和从事软件开发的时间很长。我要声明的是（我并不认为我是独一无二的），在生活和软件开发中抓住机会是明智的，风险总是会有的，软件中总会有技术债务。这本书不是让你错失机会。相反，是要你认识到技术风险（尽可能多地认识），并在它们成为问题时巧妙地应对它们。以上三个例子都可以依此观点去处理技术债务问题。

今天能做点什么

在你的项目中找出能给技术债务的积累创造条件的上下文因素。同样重要的是，利用你的上下文知识，深入了解管理技术债务的具体实践如何应用于你的特定情况。

扩展阅读

本章解释的软件开发上下文基于以前发表的作品（Kruchten，2013 年）。其类似于 Scott Ambler（2011 年）的"大规模敏捷"模型。

Atlas、Phoebe 和 Tethys 项目是我们在本书中使用的例子，本书对于例子的探讨都基于我们的经验。文献中还有其他可能与你的软件上下文类似的案例研究。Guo 和同事（2016年）描述了一家提供企业级软件开发、咨询和培训服务的巴西软件公司。他们解释了技术债务对基于 Java、数据库驱动的 Web 应用程序的影响。Ampatzoglou 的团队（2016 年）研究了 7 个嵌入式软件系统的技术债务。Klotins 的团队（2018 年）研究了 86 家初创公司的技术债务，并报告了在创业环境中技术债务是如何累积的。Sculley 和同事（2015 年）回顾了他们开发工业规模机器学习系统的经验，并总结了他们观察到的 7 种不同类型的技术债务。

第 2 部分

分析技术债务

第 4 章

识别技术债务

在本章中，我们描述技术债务的因果链：原因和后果。对技术债务项的概念进行扩展，使其成为一个简单的机制来识别和记录系统中的技术债务。然后，解释软件演进策略如何为分析技术债务相关的成本提供一个起点。

哪里感到疼痛

对于任何已经运行了一段时间的项目，开发团队可能会观察到问题正在酝酿的迹象。一些事情不太正确或者不如以前那么有效。系统开始变得容易出现某些类型的错误，有了更多的缺陷，或者崩溃的次数更多了。客户提出了更多的变更需求，开发人员需要更长的时间来满足他们的需求。一些客户甚至沮丧地抛弃了系统。项目经理对最初看起来只是很小改进的工作量估算感到惊讶。这些都是技术债务带来的后果，但这些只是冰山一角，只是系统中令人生畏的问题的表现症状。

在第 1 和第 2 章中，我们将实际的技术债务描述为除了开发者，对其他人基本上是不可见的事物。但是，技术债务也会产生一些后果，有时甚至是一系列后果，其中一些后果是在系统之外产生的，一些后果作为技术债务的症状表现出来。

原因→**技术债务**→后果→症状

下面我们通过一个简单的例子来更详细地了解这条链，这个例子基于第 1 章中所讲的一个故事。该故事是说一家加拿大公司首先为说英语的客户开发了一个产品，随后需要使该产品支持多种语言。这家公司名叫 Atlas，是一家小型初创公司，它是第 3 章中介绍的三个典型例子之一。

Atlas 在成立之初，几乎一夜之间就构建了一个产品演示版本，并向一群风险资本投资者展示。代码中使用了简单的 L10N（本地化）和 I18N（国际化）框架，以实现基本的本地化和国际化。为了吸引另一部分加拿大人，开发人员编写了一些代码来支持另一种语言，即法语。几周后，Atlas 公司的首席执行官向潜在的日本客户保证，该软件的日本版可以像法国版一样迅速上市。事实上，添加第三种语言非常麻烦，要求改变开发代码的方式，这意味着要删除和重构所有为支持法语而做的更改。他们花了相当长的时间去实现，并被迫搁置了其他的发展计划。

本例中的因果链如下所示。

- **原因**：开发人员在交付压力下及时完成了演示用的第一个版本。他们也不熟悉 I18N 和 L10N 软件。

- **技术债务**：处理第二种拉丁系语言的代码片段分散在整个代码库中，因为国际化没有被认为是架构的一个关键部分而进行必须的改进。

- **后果**：代码容易出错，不能支持其他语言，特别是非拉丁系语言。

- **症状**：当团队最终认识到这个问题的影响时，对第三种语言（非拉丁系）的支持延迟了很久。

但也不全是坏消息。另一个结果是，双语版本给投资者留下了深刻的印象，推进了融资。

- **结果**：该公司获得了一家风险投资公司的第三轮投资（太棒了！）

如果 Atlas 开发团队的成员在技术债务发生时就能意识到它，他们就可以及早识别风险，并制订一些应急计划来处理。但可能来自交付的压力使他们没有足够的灵活性去处理为支持法语而产生的技术债务。然而他们可以在支持新的语言的同时，积极地管理债务。这有助于在协商日语版的资源时设定更长的发布时间。通常情况下，技术债务是无意中造成的，直到很久以后，当其后果浮出水面时人们才会意识到它的存在。

确认技术债务的第一步是沿着因果链回溯：

症状→后果→**技术债务**→原因

如果用健康问题来类比，就是医生会从症状开始诊断疾病。类似地，你应该通过对系统内部情况的深入调查来发现技术债务的更多后果（可能是不太明显的后果），它们最终会将你指向包含债务的开发工件。我们将这些工件及其相关的本金和利息称为技术债务项（请参阅第 2 章）。识别这些技术债务项有助于从根源上解决问题，而不是消除症状，然后看到问题重新出现。

按照这种分析方式，你接下来会问，"为什么我们会有这个技术债务项？"探究这个问题会让你找到产生技术债务的原因，甚至是根本原因。虽然了解原因对于解决技术债务并不是必须的，但是它可以让我们对开发上下文产生技术债务的条件有一些洞察。这可能引发组织的变化，以避免产生更多的技术债务。我们将在第 10 章中更深入地探讨该问题。

我们在第 2 章中介绍技术债务时间线的时候曾提及，第一个目标是到达感知点，或者知道你的系统中有哪些技术债务（参见图 4.1）。通过技术债务项你能够跟踪你在软件开发过程中所感知到的债务，能够估计、讨论和确定要采取的行动的优先级。

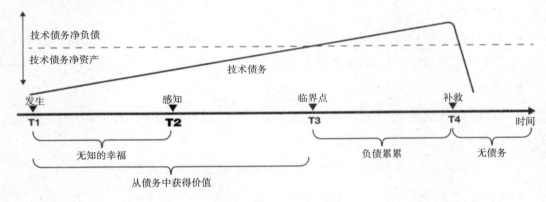

图 4.1　到达感知点

技术债务的可见后果是什么

一些症状，例如 Atlas 团队的日语版本所面临的发布延迟，在整个系统受到影响之后才出现。它们出现在开发周期的后期，并且表现为测试时间的增加，子系统集成困难，以及新特性发布受到明显阻碍等。其他症状在后期的维护过程中也会出现，并反映在可维护性的降低和维护成本的增加上。

这些症状是技术债务的后果在系统中的体现。但是,后果可以进一步影响到系统所处的环境。这些后果包括最终用户可以看到的质量的全面下降,并导致客户变更请求的增加或使用量下降时市场份额的减少。债务的后果可见有助于开发团队与决策者沟通。可见的后果也让管理层更容易接受修复方案,正如第 3 章提到的全球巨头 Tethys 的开发者 Joe 所总结的那样:

> "我认为,当性能真的很差时,当他们遇到延迟时,当系统停止工作时,当他们在用户界面上看到异常时,就很容易说服管理层。"

但这也是一种风险,因为当后果显现时,债务的补救成本可能也会更高。

在影响整个系统之前,技术债务的一些症状在软件开发过程中就已经出现了。这些症状包括错误和缺陷的增加、开发生产率(例如,开发速度)或累积流图的降低、代码质量问题(例如,循环度、McCabe 复杂度)的增加。开发团队经常意识到这些症状,甚至债务本身,但没有机制或动机来沟通问题。这就是技术债务项可以提供帮助的地方。

原则 4:对于系统来说,必须跟踪技术债务

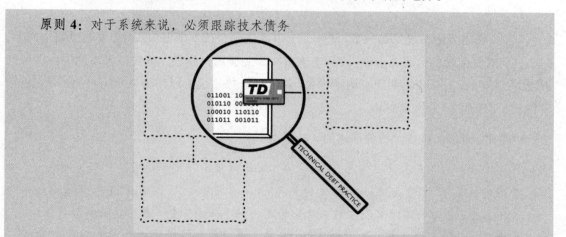

要研究产生技术债务的原因,估计其规模,并提供用于进行决策的信息,你必须能够将技术债务匹配到明确的技术债务项上,技术债务项标识系统的各个部分:代码、设计、测试用例或其他工件。开发组织还需要认识到与流程、人员和开发基础设施相关的其他形式的摩擦。但出现这些摩擦的根源是技术债务产生的原因,它们本身并不是债务。

当我们在系统中跟踪技术债务时,要从业务上下文开始,根据技术债务全景来评估工件,并将结果记录为技术债务描述。

撰写一份技术债务描述

技术债务描述指出你所识别出来的债务在系统中的位置（具体的系统工件），以及它在系统中引起的后果。

回想一下，Atlas 的小型初创团队刚刚发布了其产品的第二版，在已经支持英语的系统中添加了对法语的支持。项目团队现在正在考虑增加对第三种语言的支持。

一个用户故事描述新特性需求采用的是以下形式：

作为<利益相关者>，我想<通过对系统的某些操作>，从而<达到某种目的>。

对于 Atlas 来说，它会像以下这样：

作为 Atlas 公司，我们想要一个日语版本的产品，从而可以增加我们的市场份额和利润。

但是，你需要的不仅仅是一个用户故事，以描述一个技术债务项。你需要通过记录何人，何事，何时，何地，何因（也称为 5W）来进一步完善用户故事，这样你可以使待办事项列表上的所有情况对整个团队来说清晰可见。技术债务描述也可以作为一个用户故事，它包括解释相关的技术债务的 5 个 W。

以下是 Atlas 团队技术债务描述的 5W 版本：

作为一名开发人员（何人），我需要偿还国际化（何事）分散在代码（何地）中的债务。增加对其他语言的支持的累积成本将很快超过实现前两个版本的 if-then-else 语句的临时解决方案，这为的是获得下一轮资金（何时）的初始收益。支持另一种语言将会有很长一段时间的延迟，而且代码将很快不再支持其他语言，特别是非拉丁系的语言（何因）。

你需要统一记录你的技术债务描述，形成一份表格，我们称之为技术债务登记表，简称登记表。当然，也可以使用当前用来管理待办事项的存储库和工具来管理技术债务类的用户故事。

表 4.1 列出了技术债务项的基本字段。你很容易将它们合并到你的问题跟踪流程和技术债务登记表中。

表 4.1　技术债务描述

技术债务名	它是什么？此字段是技术债务项的简写名称
摘　　要	在受影响的开发工件中，哪里能观察到技术债务，以及在哪里累积
后　　果	为什么解决这个技术债务项很重要？后果包括直接的收益和成本以及后来积累的收益和成本，例如问题留在系统中时的额外返工和测试成本，以及由生产效率降低诱发的缺陷或因构建依赖于技术债务元素的软件而导致的质量损失而产生的成本
补救措施	描述消除债务所需的返工（如有）。何时进行补救以减少或消除后果
报告者/指派者	谁负责还债？指派一个人或一个团队。虽然在大多数情况下，具体是谁可能不重要，但在某些情况下，债务可能需要分配给外部各方解决。如果补救被明显推迟，则可以通过这个字段来进行沟通

通常，为了跟踪技术债务，软件开发团队使用他们经常使用的工具来管理技术债务项，例如问题跟踪系统或缺陷数据库。大多数问题跟踪系统都支持创建自定义类型和字段。如果将技术债务与用户故事、缺陷和其他任务一起存储，则强烈建议为技术债务项创建一个类型，并使用标签标记技术债务描述，例如"techdebt"。

如果你的团队纪律严明，那么成员能够很容易地将对变更请求的讨论记录为对现有问题类型的详细描述字段的一部分。然而，我们常常观察到软件开发人员擅长解释何事与何地，因为他们感知到了甚至遭受了技术债务，但他们非常不擅长清晰地阐述如果不修复技术债务将带来的后果，技术债务如何随着时间恶化，以及在修复必须被推迟时给出一个合理的债务偿还期限。因此，我们建议至少创建一个自定义字段并建立规则来记录累积债务的后果。这将帮助你评估债务利息的增长有多快。这样一个简单的实践具有重要的操作效益，比如过滤出所有未解决的和可能已经解决的技术债务问题，并根据团队的资源评估它们的重要性和优先级。

表 4.2 显示了 Atlas 在第二次发布产品后的技术债务描述，此时在支持英语的系统中添加了法语支持。项目组现在正在考虑支持第三种语言。

表 4.2　国际化的 Techdebt

技术债务名	Atlas#5118，分散在代码中的语言国际化处理
摘　　要	处理第二种拉丁字母语言的代码分散在整个代码库中，其不能支持其他语言，特别是非拉丁字母语言。这一选择最初是因为交付压力，满足演示的最后期限，这是视待办事项胜于可修改性带来的问题。 这也与团队对语言国际化（I18N）和本地化（L10N）软件不熟悉有关

后　　果	长时间推迟对第三种语言（非拉丁字母）的支持。我们运行了一个架构依赖性分析，发现改动波及整个系统。由于系统的复杂性，依赖导致的集成，以及由于必须包括依赖的模块导致代码和测试的重用，这种改动会导致变更的时间增加。如果我们建立在现有的架构上，将是一个巨大的问题。 如果我们等到下一个版本发布之前再做修改，结果将是由债务的累积而导致速度减慢，这需要额外的工作来增加对其他语言的支持
补救措施	消除导致用户界面和业务逻辑之间存在更多的相互依赖、协调和信息流问题的紧密耦合。选择现有的 I18N 库。Joe 团队的 Xavier 研究了一些选择，建议采用一个较新的库作为今后的最佳选择
报告者/指派者	可用性团队发现了这个问题。Joe 的开发团队不得不处理这个问题。他们分析变更的影响，以给出一个估计的修复时间

理解评估技术债务的业务上下文

清楚地理解你的业务目标对于你的团队建立标准来选择合适的技术和工具，以分析你的软件，识别技术债务，并记录重要的技术债务项是至关重要的。这将为你管理技术债务提供一个合适的起点。

发现技术债务的过程与发现系统中的任何其他问题的过程是相同的。挑战在于要有足够的纪律性，将业务目标的关注点与相关的技术债务项关联并跟踪，并将其定位到具体的系统工件中。我们建议从业务目标和关注点开始，并建立其他活动与这些目标的关系：

1. 明白你的关键业务目标。

2. 确定与你的业务目标相关的系统的主要关注点/问题。

3. 定义与你的问题和目标相关的可观察的定性和定量标准。

4. 根据所定义的标准，选择并应用一个或多个技术或工具来分析你的软件。

5. 将发现的问题记录为技术债务项。

6. 重复以上步骤 2~5。

要理解技术债务，首先要列举关键的业务目标和业务上下文。Atlas、Phoebe 和 Tethys 项目，就像大多数其他软件开发项目一样，都有一个减少开发成本的类似目标，但是不同的上下文需要他们以不同的方式达到这个业务目标。

业务目标直接关系到系统的关键问题，从而关系到它们的源代码、架构、开发、部署和基础设施。一个清晰的业务目标列表将有助于你确定需要用来度量关注点的标准。例如，如果一个组织有一个降低维护成本的业务目标，那么关于源代码的一些问题可能包括"给软件添加新功能，是轻松而快捷的还是困难而漫长的？"以及"是基于现有的系统继续演进更有意义，还是从头开始开发一个新的系统更有意义？"思考这些问题时也应该考虑到团队在技术债务时间线上的位置，因为这将影响分析策略。例如，系统最近是否产生了债务？还是债务已经累积了一段时间，超出临界点的影响尚不可知吗？

下一步就是定义度量标准来评估这些问题的答案。如果这些标准没有在合理范围内得到满足，那么技术债务就会开始累积。距离这些标准越远，后果就越严重。技术债务增加了变更和返工的成本，因此应该用这些标准评估返工的影响和变更的成本。而且，有了这些标准，开发团队就可以选择和应用分析方法及工具来评估相应的工件。最后一项活动是把技术债务项记录在案，同时尽可能收集和关联有关的问题。

在进行了图 4.2 中总结的这些活动之后，你将有一个坚实的基础来分析你的技术债务。你已经来到了感知点。你也许能够确定自己是否已经超过了技术债务的临界点。

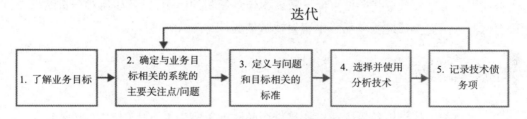

图 4.2　确定技术债务项

一般来说，发现和管理技术债务不是一个割裂的、独立的、一次性的仪式性活动，而是迭代的、连续的。随着开发的继续，你将不断地修正识别技术债务项的方法。你的业务目标不太可能很快改变，但是当它们发生变化时，请检查从目标到问题的可跟踪性是否仍然存在，或者是否需要添加新的问题和度量标准。最重要的是，倾听团队成员的意见，了解他们对系统中重大技术债务的关注情况，以指导评估过程并对结果进行全面检查。此外，使用债务评估过程，避免混淆产生技术债务的原因与债务本身。任何建立可靠的技术债务管理实践的方法都假设你愿意评估软件开发项目的上下文和状态，以确定债务的产生原因。在第 11 章中，我们将介绍一种技术来指导你的工作。

评估技术债务上下文中的工件

当基于业务目标来识别技术债务项时，你会纵览技术债务的全景，包括代码、架构和生产环境基础设施。

技术债务与源代码

技术债务与代码密切相关，代码的技术债务通常是由于交付压力、缺乏文档化的编程标准、缺少工具和开发人员的错误造成的。可以在互联网上找到大量关于评估代码的技术债务及其症状的资源，包括代码质量标准、代码异味示例、静态代码分析器、安全合规检查器等。

在第 5 章中，我们将探讨代码方面的技术债务，描述如何从缺陷等外部的质量视角来识别代码的内在质量问题，我们可能需要将这些问题作为技术债务处理。还将介绍如何使用静态代码分析技术来发现源代码中可能导致技术债务累积的问题，以及如何对分析结果进行筛选和优化，从而更有效地避免无意中积累技术债务。

技术债务与架构

与架构相关的技术债务源于在设计软件产品时的关键决策，例如技术、编程语言、平台、框架、中间件的选择，以及如何划分系统。代码级别的技术债务和架构级别的技术债务之间的关键区别是，代码更加具体、有形和可见，可以通过软件工具轻松地对它进行探索和操作。

许多架构问题在部署或运行时才出现，即使系统的结构及代码看起来令人满意。不仅难以使用工具来检测和评估架构技术债务，而且偿还此类债务的成本和带来的价值也更大，并且它常常与复杂的结构依赖网深深地交织在一起。

改变主要的架构决策是困难的，因为这些决策对软件系统有广泛的影响——它的现在和将来的功能；它的关键质量属性，如可修改性、性能、安全性和可用性；以及它的代码，需要修改这些代码以支持决策的改变。这种改变通常发生在大型的、长期运行的系统中，而对于这些系统，改变的回报将是显著的。

矛盾的是，架构债务发生在成功的系统和公司身上：业务规模和范围扩大，业务目标转移，公司合并收购导致不兼容的系统合并，或者基于不同的前提构建的系统合并。

第 6 章会更深入地研究架构技术债务。

技术债务与生产环境

并不是所有的技术债务都与代码或架构相关。技术债务也可能发生在生产环境基础设施中。当前 DevOps 的趋势是增强自动化能力和工具支持，消弭开发和运维之间的界限，暴露开发组织生产环境中的缺陷。因此，系统运行环境正在成为一个关键的软件开发工件（也称为基础设施代码）。生产环境基础设施包含重要的代码并且也具有架构。如果构建、测试、部署或交付策略与相应的工具不一致，则系统的演进将更加困难和危险。

第 7 章会讨论交付过程和生产环境基础设施方面的技术债务。

你的待办事项列表是什么颜色

我们回头看看我们为软件开发团队添加了什么工作：做一个技术债务登记表！在任何时候，软件开发团队都要面对一堆"事情"，这堆"事情"都是一个或多个开发工具的待办事项列表（backlog）中的事项，可通过它们跟踪和推进我们的工作。我们将要做的事情分为四类，如图 4.3 所示。

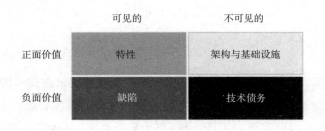

图 4.3　要做的四类事情

有些事情是从外部世界可以直接看到的：

- 添加功能或特性。

- 修复缺陷。

特性增加了产品的价值，而缺陷降低了产品的价值。这些事情影响组织、销售、业务的成功和客户满意度，它们在发布计划中是可见的。但也有一些事情不是直接可见的，也不是由外部世界直接驱动的：

- 定义软件或系统架构，并建立和细化生产环境基础设施。

- 偿还技术债务。

这些活动的实现是有成本的，而且它们不能直接增加价值。技术债务属于这一类：外部世界看不到它，但却间接地减少了软件产品的价值。

图 4.3 总结了软件开发产品待办事项列表管理的四类事情。你可以用不同颜色把它们区分开来。

- 特性：可见且价值为正（绿）

- 缺陷：可见且价值为负（红）

- 架构与基础设施：不可见且价值为正（黄）

- 技术债务：不可见且价值为负（黑）

至于是否使用一个统一的待办事项列表来管理以上所有的事情，就是个人选择了。

今天能做点什么

对于开发团队来说，介绍一种简单的将已知的技术债务记录为技术债务项的方法可能是令人大开眼界的体验。它使团队建立了一个技术债务意识的敏感心态，这有助于减少未来非故意的技术债务。你可以以此作为起点，阐明整个业务目标，并确定需要哪些进一步的分析。遵循以下活动来开始记录你的技术债务：

- 将你的问题跟踪系统中的"techdebt"分类细化为技术债务描述，并指向特定的软件工件，包括代码、架构或生产环境基础设施。

- 更进一步，重新组织你的待办事项列表，明确地"标记"图 4.3 中所示的四类工作。

- 创建用于度量技术债务的编码、架构和生产环境基础设施标准。

- 将源代码中的 "Fix me" 或 "Fix me later" 等注释标准化为一种形式，标记应该在未来修改的代码，这样它们将更容易被工具发现。

扩展阅读

我们受 Vic Basili、Gianluigi Caldiera 和 Dieter Rombach（1994 年）定义的目标问题度量（Goal Question Metric，GQM）方法的启发而总结出了本章中介绍的技术债务项的识别过程。

编写一个好的技术债项的动机和好处类似于编写一个好的缺陷报告。许多研究，特别是微软的研究，都强调了清楚地编写缺陷报告的重要性，它可以比那些写得很差劲的报告获得更多的关注。Tom Zimmermann 及其同事（2010 年）的研究提供了证据。大量的证据也证明了写一个好的技术债务项的重要性。Li 和同事（2015 年）提出了一种基于场景的方法来识别实际的架构债务项。

开发人员的讨论和代码注释包括对技术债务项的讨论。Bellomo 和同事（2016 年）、Bavota 和 Russo（2016 年）以及 Potdar 和 Shihab（2014 年）给出了一些关于技术债务项讨论的例子。我们在本章讨论的技术债务描述使这一实践系统化了。许多作者已经确定了技术债务登记表的概念，特别是美国匹兹堡大学的 Narayan Ramasubbu 和 Chris Kemmerer（2017 年）。

2010 年，Shane haste 为 InfoQ 采访了 Philippe Kruchten，讨论了图 4.3 所示的待办事项列表的四色策略。

第 5 章

技术债务与源代码

全面分析技术债务需要理解短期和长期问题，包括业务目标、源代码、架构、测试、构建和基础设施部署，以及它们之间的关系。虽然你可能会对每个工件进行单独的分析，但重要的是要认识到它们是相互交织的。当你要做关于补救技术债务的决策时，它们之间的相互关系特别重要，后面的章节会讨论这个问题。在本章中，我们学习如何使用源代码作为识别技术债务的输入。

寻找魔杖

如果你通过 Web 搜索技术债务分析，许多厂商的工具会出现在搜索结果中，其中大多数是自动静态代码分析工具。他们认为，这样的分析有助于度量，从而可以减少技术债务。

当你在一个软件开发项目中第一次面临技术债务时，你可能想去获得这些工具，认为这些工具就可以一下子识别并度量所有的技术债务。但是这些工具真的提供了正确理解技术债务的方法吗？它们是否足够全面呢？

让我们来看一个 Phoebe 项目的例子。在季度项目评审期间，项目经理开始关注缺陷数量增加的问题。她指出："我们的修复费用在增加。"开发人员认为这是意大利面条代码（意即互相调用的代码，纠缠在一次，像意大利面条）造成的结果，或者是不必要且复杂和非结构化的源代码造成的结果。他们考虑借助一个静态代码分析工具来理解系统的复杂性。他们选择了 SonarQube，这是一个开源且经过良好测试的工具，并且支持基于 Java 的项目。运行这样的代码质量分析工具通常会产生类似于图 5.1 所示的结果。

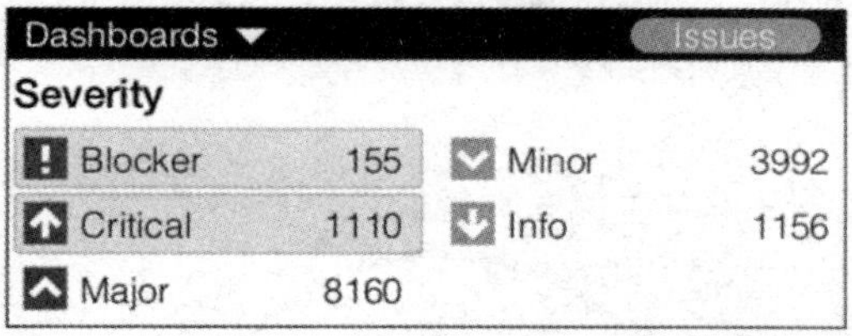

图 5.1　Phoebe 项目的代码分析结果

图 5.1 展示了关于 Phoebe 项目源代码质量的一些可能令人感到混淆的分析结果。静态分析工具可能会提供一长串与你的代码相关的问题，这些问题可能是技术债务，也可能不是必须解决的问题，也可能与你当前的业务目标无关。如何使用静态分析工具来定位你的技术债务，而不迷失在缺陷的海洋或糟糕的代码质量中，这是在做技术债务管理时最让人头疼的问题。

对于 Phoebe 项目，该工具在代码中总共发现了 13 417 个问题，其中大多数问题都被列为 Blocker、Critical、Major 级别的严重代码问题。该工具进一步根据缺陷、漏洞和代码异味进行排序。代码异味和一些缺陷及漏洞可能是与技术债务相关的深层次问题的症状。开发团队应该怎么做？团队成员是否应该在问题跟踪系统中将每一个问题都记录为技术债务项？问题数量之大使团队无法这样做，所以团队只创建了一个新问题并将其添加到待办事项列表中："根据静态分析的结果解决技术债务。"然后，它就一直静静地待在那了。不用说，这不是一个定义良好的技术债务描述。

我们建议采用一种更加集中和成熟的方法来分析技术债务，其中包括仅在决定如何处理它们提供的信息之后才使用静态分析工具。根据你在技术债务时间线上所处的位置，在以下三种情况之下，你可以考虑使用源代码作为技术债务分析的输入：

- 这个团队正在努力赶在最后期限前完成任务，而且越来越多的缺陷出现了。这些症状应该触发代码分析。

- 该小组进行了一次技术债务信用检查（见第 11 章），并识别出了诸如开发人员更替、技能跟不上发展和时间压力等因素。这样的问题应该触发代码的分析，因为可能会引入错误和复杂性。

- 目前还没有问题，但是团队希望通过对代码执行定期的轻量级检查来主动提高代码质量。这是最好的情况。

原则 5：技术债务并不是质量差的同义词

技术债务的最初定义和博客圈中对这个术语的广泛使用可能会让我们认为它只是糟糕的代码质量的同义词。使用带有负面含义的术语，如快速而肮脏、捷径、糟糕的设计选择、死于"千刀万剐"等，会放大这种印象。

代码内在质量低实际上是一种技术债务，可能是技术债务全景里面普遍存在的一种债务。包括静态代码分析工具在内的一些工具有助于识别内在质量低的问题以及文档和测试方面的相关问题。然而，正如 Steve McConnell、Martin Fowler 和其他人所指出的那样，在系统架构或技术选择的层面上，也存在着深思熟虑的、有目的的战略决策，这些决策通常是为了缩短上市时间。这些决策也会产生技术债务，它们与糟糕的代码质量根本没有关系。

你可能决定在开发用户界面之初不支持多种语言，而是选择推迟到最初的市场需求得到满足的时候才考虑。这并不意味着你的代码质量很差。但是，你确实需要找到一种方法来战略性地处理通过对代码库的质量分析可能发现的数千个问题。

从源代码分析中获得的信息可以帮助我们识别和描述技术债务项，并确定我们在技术债务时间线上的位置，特别是可以判断我们是否已经越过了临界点。换句话说，当技术债务的成本已经超过了最初的预期时，你是正在接近痛苦时期，还是你已经完全在痛苦之中了？以下各节将按照第 4 章中所述的技术债务分析活动来展开讲述。

了解关键业务目标

如果你没有目标，将无从下手。简单地回答"该代码有多少技术债务？"这个问题是没有用的。应该将技术债务记录为有意义的技术债务描述列表，而不是代码质量问题的列表。估计技术债务的数量是在了解有关系统质量和功能的业务目标的背景下发生的。在检查系统质量并评估它是否满足业务目标的过程中可能会找出产生债务症状的部分代码。这些代码最终导致两种技术债务利息：经常性利息（由于将这些代码保留在系统中而产生的持续的额外工作——也就是说，与此债务共存）和应计利息（更改系统和改进部分的成本）。

每个软件开发组织都有自己独特的业务目标，其高度依赖于组织的上下文和产品。在第 3 章中，我们介绍了许多可以导致产生技术债务的因素。业务目标和相关的风险是研究如何进行技术债务分析的良好起点。了解你在技术债务时间线上的位置和补救债务的计划有助于将技术债务分析与业务目标相结合。

表 5.1 提供了与生产能力、质量、成本和上市时间相关的业务目标的一些常见示例。关键点是可以触发代码分析以识别技术债务的症状。一些组织在清楚地传达短期和长期的业务目标方面做得很好，而一些开发团队则不得不通过他们所背负的债务给整个组织带来的痛苦来推断目标。

表 5.1　将业务目标映射到技术债务时间线的示例

业务目标	痛　点	原　因	技术债务阶段点
构建一个易于演进的产品	我们的维护和升级成本正在增加。开发人员对这个项目很陌生，他们说我们有意大利面条式的代码，从而导致了更多的缺陷。在采取任何行动之前，我们需要了解问题的严重程度	缺乏经验的团队成员为技术债务的发生提供了条件	感知
增加市场份额	客户已经开始切换到别的供应商提供的服务。在过去的 6 个月里，我们至少发现两次安全漏洞。我们一直在修补，但我们需要先退后一步，了解代码库中到底发生了什么。更多的安全漏洞可能导致进一步的业务损失	各团队不再遵循标准流程并且不了解关键的架构需求——特别是安全性	临界点：项目正在经历症状，团队需要行动了

业务目标	痛　　点	原　　因	技术债务阶段点
降低开发成本	如果我们重用这一部分软件，预计会缩短开发时间。目前开发时间相当长，但如果我们继续采用原有策略，我们不确定将来是否会招致技术债务	在已经有债务的产品上构建可能会产生更多的债务；团队不完全理解未来可能需要重用的上下文	发生
缩短上市时间	我们的速度一直在下降。做一个简单的变更并测试它需要很长时间，我们不知道什么原因导致了这种延迟	团队没有创建足够的文档或遵循标准流程	正在经历临界点

　　表 5.1 的第一行显示了业务目标"构建一个易于演进的产品"，这是推动 Phoebe 项目的目标之一。技术债务的症状已经在开发团队之外变得明显，管理层已经注意到特性被延迟实现，维护成本也在增加。当管理层问开发人员为什么时，他们归因于越来越复杂的有缺陷的代码。该团队进行了一次技术债务信用检查（见第 11 章），结果显示，是因为经常在项目中增加新的团队成员，而这些成员又没有经过适当的入职培训。该组织在技术债务时间线上处于刚刚意识到技术债务的时间点。

识别源代码问题

　　你的业务目标和你所处的技术债务时间线上的位置会告知你有关源代码的特定问题和关注点。我们继续探索我们的案例。Phoebe 项目在其业务目标的上下文中所经历的痛苦，使得团队提出了有关系统及其源代码的关键问题："维护费用花到哪里了？如何根据缺陷等症状追溯到代码库？"表 5.2 提供了由 Phoebe 业务目标驱动的源代码分析问题（参考表 5.1）。

　　Phoebe 团队需要收集两类数据来回答这些问题。一类是用于代码分析评估的代码度量标准；另一类是症状度量，例如缺陷或延迟问题的数量以及解决这些问题和添加新功能所花费的时间。这些数据可以从可靠的问题跟踪过程及配置管理和代码签入/签出过程中获得。团队现在可以通过回答以下问题将代码分析结果与症状度量关联起来：

- 我们花了多少时间修补漏洞？

- 在开发过程中，哪部分代码导致维护成本增加？

- 缺陷如何与代码中导致维护成本增加的部分相关？

- 开发人员多久修改一次系统的这些部分？

- 代码中有多少处需要修改？

- 包括测试在内，每个 sprint/迭代开发人员能够完成多少个变更请求？每个测试需要多长时间？

- 开发人员的大部分时间都花在代码库的哪部分？

这些示例问题表明，代码分析可以帮助团队回答的问题通常与可修改性、可维护性和安全编码有关。可能还有其他相关的问题，例如，为了实现可重用性，团队可以考虑进行微服务改造。单靠静态分析结果无法得到足够的信息来评估这种方法，但它可以为决策过程提供输入。

表 5.2　源代码分析常见问题

业务目标	痛　点	可以分析的问题
构建一个易于演进的产品	我们的维护和升级成本正在增加。开发人员对这个项目很陌生，他们说我们有意大利面条式的代码，导致了更多的缺陷。在采取任何行动之前，我们需要了解问题的严重程度	• 代码是否受行业广泛遇到的可维护性或可修改性问题的影响，例如复杂性、周期性或广泛存在但不必要的依赖性？ • 系统受影响的部分所占百分比是多少？在哪些领域？
增加市场份额	客户已经开始切换到别的供应商提供的服务。在过去的 6 个月里，我们至少发现两次安全漏洞。我们一直在修补，但我们需要先退后一步，了解代码库中到底发生了什么。更多的安全漏洞可能导致进一步的业务损失	• 我们的代码库中是否存在已知漏洞或安全编码问题？ • 代码中是否存在已知的相互关联的安全问题？ • 代码中是否还有其他类似的地方，它们是否有类似的问题？
降低开发成本	如果我们重用这一部分软件，我们预计会缩短开发时间，目前开发时间相当长，但如果我们继续采用原有策略，我们不确定将来是否会招致技术债务	• 是否易于以可达性和依赖性传播等标准来衡量软件的可扩展性？ • 软件中是否存在我们需要注意的缺陷和可演进性问题？
缩短上市时间	我们的速度一直在下降。实现一个简单的变更并测试它需要很长时间，我们不知道什么原因导致了这种延迟	• 我们的代码有多复杂？ • 我们的代码可读性如何？

用户可观察到的影响操作的问题，例如频繁的崩溃和异常的功能，也可能提示需要进行代码分析以评估设计是否有问题。检查设计是否合理，可以从内存管理、数据流、异常处理、性能和安全性等方面入手。虽然有限，但静态分析工具确实包含检查设计合理性的规则，例如：

- 异常类应该是不可变的（性能和安全性）。

- 不应显式抛出 NullPointerException（性能和安全性）。

- 用户界面层不应该直接使用数据库类型（强制的模型—视图—控制器模式）。

- 避免使用单例模式（提高可测试性）。

定义可观察的度量标准

这里我们明确一点：静态分析工具提供了有用的信息，但是它还没有神奇到通过代码分析，就能识别技术债务。正如我们的例子所示，在业务目标和所涉及的源代码之间通常会有一些常见的关于可维护性/可修改性的指标，但是不存在一种适合于所有业务目标的度量指标。同时，对于业务目标来说，技术和开发语言的选择也会影响度量标准。因此，开发团队应该根据产生的问题进行分析，从而确定有助于成员分析系统的指标。

如果你的源代码混乱不堪，那么你可能付出了很多经常性利息。随着时间的流逝，经常性利息又伴随着新特征的实现或系统的测试而出现，导致维护成本的增加，以及难以理解和解释的系统架构和行为。在这种情况下，你不能确定债务来自哪个部分，但是总的来说，代码变得太脆弱了。创建具体的技术债务项有助于你在进行不同类型的分析（无论是 IT 工具支持的代码分析、架构和设计评审，还是基础架构监控度量）时能集中精力解决问题并记录证据作为支持。我们将在随后的章节中讨论这个问题。

表 5.3 将症状和代码度量标准与 Phoebe 项目的业务目标相关联，以便你更好地阐述痛点和分析问题。表 5.3 提供了一种方法来度量痛点和检查症状是否正在减少。为了偿还债务和改善系统，Phoebe 团队已经做出了改变。根据业务目标度量标准执行源代码分析，可以生成潜在的技术债务项的初始列表。

表 5.3　症状和代码度量标准示例

业务目标	症状衡量	代码度量标准
构建一个易于演进的产品	缺陷趋势（每次迭代出现的新缺陷，在多次迭代中被延迟解决的缺陷）	• 既定行业度量标准（如 ISO/IEC 25010 系统和软件质量标准）的可维护性和可演化性 • 与当前维护成本和缺陷率相关联的代码复杂性度量（例如，源代码行的组合、耦合和内聚、扇入/扇出、依赖传播）

续表

业务目标	症状衡量	代码度量标准
增加市场份额	安全漏洞趋势 修补所花费的时间	• SEI-CERT 安全编码标准
降低开发成本	变更的传播	• 可维护性和可演进性度量 • 代码复杂度
缩短上市时间	变更速度	• 可维护性和可演进性度量 • 代码复杂度
改善治理	每次违规所花费的潜在成本	• ISO/IEC 25010:2011 系统和软件质量模型 • 具体的质量模型编码标准

这些度量标准是帮助你识别多个信息源之间相互关系的起点。从这些例子中能总结出，不可维护的代码可能导致开发效率下降。开发团队需要确保成员尽量减少因意外造成的复杂性，减少非故意的技术债务，并保持代码库的可理解性。

细节是魔鬼。编写干净、易懂、深思熟虑的代码是每个团队成员的责任。集成开发环境、自动化代码评审、单元测试套件以及静态代码分析工具的能力越来越强大，可借助于这些工具来编写高质量的代码。提高这些工具的能力对于软件行业来说是一个持续的挑战，特别是在最小化误报率和警告消息，并使团队轻松地将其纳入日常开发活动等方面。

你应该使用什么工具

对于技术债务，最常见的问题可能是，"我们应该使用什么工具来度量它？"将分析结果与业务目标联系起来的工具能帮助我们识别和管理技术债务。如果可以将工具集成到持续集成的工具链中，及时向开发人员提供反馈，则开发人员可以将无意的技术债务降到最低。

如前所述，度量标准、工具和源代码分析技术的选择取决于你的业务目标。而静态分析结果本身并不能提供技术债务项的清单。在系统中，代码质量差是代码度量标准所揭示的代码内在质量不达标的症状表现，而技术债务项只是这个系统中一个方面的问题。

代码检查和同行评审等技术可以为已建立的度量标准提供一些分析结果。但许多静态分析工具在评估源代码质量方面的能力正在不断增强，这方面的例子包括支持 C/C++的 Understand，同时支持 Java 和 C/C++的 SonarQube，同时支持 Java、C/C++、C#的 Klocwork，以及用于分析移动应用程序和 Web 系统安全性的 AppScan。

当你读到本书时，可能又出现了一些新的工具。其中一些工具具有实时支持能力，它们在开发人员编写代码时会高亮显示安全漏洞和编码错误。

对象管理组（Object Management Group，OMG）发布了由 IT 软件质量联盟开发的自动化技术债务度量规范。该规范包括 86 个度量标准，如可维护性、性能和效率、可靠性和安全性，以及开发人员研究修复每个违反度量标准的问题的估计时间。对个别违规行为检查后，会得到汇总的技术债务数据，基于这些汇总的数据，并根据软件上下文进行调整，最终推导出修复时间。一些因素包括复杂性、集中度、软件演进状态、代码暴露程度和技术多样性。工具是否实现了这些度量，以及这些度量是否与你的系统质量目标相关，决定了你从使用该规范管理技术债务中获得多少好处。

静态代码分析工具的理想使用场景是开发人员可以接受无意的技术债务并能将其很好地集成到日常工作流程中，从而避免该技术债务。谷歌开发了一个内部工具 Tricorder 来解决这个问题。谷歌开发这个内部工具的动机是希望该工具可以得到扩展，使开发人员能够编写和部署自己的静态分析工具来满足他们的需求。驱动谷歌开发人员将 Tricorder 嵌入开发流中的一个因素是，他们有权放弃不适合他们上下文的规则并编写相应的规则。这是一种前瞻性的方法，可以在代码问题转化为技术债务之前捕获问题。

正如以上示例所演示的，就像技术债务没有一个通用的度量标准，也没有一个通用的工具可以帮助我们理解代码或整个系统中的技术债务问题。

选择并应用一个分析工具

Phoebe 项目的系统质量目标包括在每次迭代中最小化新的缺陷及现有缺陷在待办事项列表上停留的时间。因此，团队建立了代码质量标准，其中包括编写可维护的代码和避免代码复杂性的行业标准。然而，尽管有这些操作，团队发现自己陷入了与未解决的缺陷的斗争，特别是难以跟踪的代码缺陷。据开发人员说，造成代码如此混乱的一个原因是大量复制和粘贴的代码块。为了避免这种做法，一个新的打包方案已经开始实施，但是开发人员怀疑它还没有完全铺开实施。

为了评估代码质量，Phoebe 团队选择 SonarQube 作为静态分析工具，因为它是开放源码的，且有一个解决开发人员问题的社区，以及一个相当完善的 Java 规则集，并包含了可维护性和安全方面的指标。SonarQube 可以检测重复的代码块和坏的代码。开发人员可以基于他们对混乱代码的认知对工具进行合理的配置。根据代码度量标准还可以配置规则并设置它们的优先级。

当团队解释分析结果时，他们发现，13 417 个问题中，大约四分之一的问题与适配器周围的重复代码块有关。这个发现与开发人员对难以理解的意大利面条代码的观察一致。使用该工具的导航功能，开发人员可以定位代码中受影响最严重的区域。分析结果中还显示了大量的空 Java 包，虽然这些问题通常比较小，但是它们会显著增加债务的经常性利息，因为它们会增加软件占用的空间，并降低系统的清晰度。开发人员还将这些区域映射到他们所观察到的缺陷的数量和种类。

记录技术债务项

开发团队得到了原始数据以后，下一步就是将相关结果记录为技术债务项，这样他们就可以开始管理技术债务。这就是技术债务登记表的事情了，可以使用任何项目管理工具：问题跟踪系统、缺陷跟踪系统，或者待办事项管理工具。团队应该采取两个行动：

1. 记录现有的技术债务并制定偿还策略。

2. 确保团队不将新的债务引入源代码中，这样就不需要再次处理成千上万的问题。

为此需要建立和执行一些开发实践。这里我们将重点放在记录现有的技术债务项上。稍后，我们总结最小化代码中非故意技术债务的开发实践。

Phoebe 团队想知道是否应该研究所有 13 417 个标记为技术债务的问题。或者团队应该只专注于总共 155 个类型为 Blocker 的项，还是应该在登记表里面包括 Major 和 Critical 项？Phoebe 团队开始对源代码进行分析，以判断这些项是否会导致弥补缺陷和维护成本的不断增加。团队认识到，重复的代码和空的 Java 包导致很高的经常性利息，这在系统中表现为可理解性的下降和小而烦人的缺陷，这些缺陷通过重复的代码片段传播。

团队决定向登记表添加两个 Major 级别的技术债务项：删除空的 Java 包（见表 5.4）和

删除重复的代码（见表 5.5）。团队中有经验的开发人员还认识到，虽然他们是通过对代码库的静态分析来揭示这些技术债务项，但是解决它们可能需要一些架构层面的思考和分析。例如，与其复制/粘贴代码，还不如考虑抽取公共服务以供调用。

表 5.4　Phoebe 项目登记表中空包的 Techdebt

技术债务名	Phoebe#345：删除空 Java 包
摘　要	为了支持多个适配器规范，源代码的重构架构工作引入了一种新的 Java 打包方案。许多空的 Java 包文件夹存在于多个项目中
后　果	对功能没有影响；但是，对于需要对源代码进行增强或修改的用户，可能会导致混淆
补救措施	团队利用 SonarQube 识别出了这些空包。新的和现有的类已被移动到新的包中；以前的包文件夹在没有类文件的情况下保留。清理这些包应该很简单，但要确保不会留下意外的调用
报告者/指派者	对 SonarQube 分析的结果回顾形成了一个综合的技术债务项，并将其分配给适配器团队

表 5.5　重复代码的 Techdebt

技术债务名	Phoebe#346：删除重复代码
摘　要	AdapterCore 和 CoreLibrary 随着大量的复制/粘贴代码而快速膨胀，结果造成在这些子系统中的每个模块中存在 40 多个复制的代码块
后　果	对功能没有直接影响；但是，每次需要进行变更时，都会由于遗漏，无法将变更应用到所有重复的代码块而注入一些小缺陷
补救措施	请参阅 SonarQube 分析的结果以确定类别。修复包括重构架构工作，并可能引入一个工厂类来处理重复块之间的公共功能。这应该在适配器架构更改时进行
报告者/指派者	对 SonarQube 分析的结果回顾形成了一个综合的技术债务项。我们不得不把修复推迟到下一个 sprint，因为涉及的工作比我们预期的要多

他们都认识到，删除空包的应计成本目前很低，但是如果开发人员添加代码，使得实现层面和系统的初始架构之间产生偏移，那么随着时间的推移，应计成本可能会增加。删除空的 Java 包消除了大约 250 个问题。一旦这些包被移除，几百个小问题也消失了。或者，团队当然可以选择从源代码分析中排除这些包的问题。但是，在统计结果中包括它们可以让 Phoebe 团队认识到，除了不必要地增加部署占用空间会带来复杂性，他们还需要为每个 sprint 偿还经常性利息。

处理重复的代码不像删除空包那么简单，因为补救策略要求构建一个新的解决方案来支付当前的本金。为了解决应计利息的问题，Phoebe 的开发团队认识到，需要用重复的块对大量的类进行改造，这带来了风险并增加了交付时间，尤其是测试的时间。综上考虑，可能要采用进一步重构架构的补救方法。

Sonarqube 报告的很大一部分问题与异常的处理方式、错误的记录方式以及注释的形式和注释代码的处理方式有关。这些问题向 Phoebe 项目经理发出了一个信号，即开发团队急切需要一个开发实践规范，让团队关注良好的软件工艺和对软件设计的理解，以避免引入非故意的债务。

迭代

识别技术债务项之后，Phoebe 团队成员决定首先理解系统的复杂性。意大利面代码导致的缺陷增加与业务目标和源代码方面的问题有关。因此，他们决定借助静态代码分析工具分析代码的结构及其质量，并确定哪些方面需要修复。他们根据变化最快的部分和观察到的缺陷最多的地方进行优先排序。

当完成第一次迭代分析时，后续迭代分析的目标和频率应该变得清晰。我们也知道，安全性分析和可维护性分析需要不同的分析问题、标准和工具，因此可以在技术债务分析的两个不同迭代中执行这些分析。另一方面，一旦确定了技术债务项，就可以确定分析的频率，并通过工具记录，确保类似的代码质量问题不会累积。

当软件发生重大变化或业务目标发生变化时，通过逐步迭代的方式使得分析过程与新的软件或新的业务目标保持一致是合理的。如果你选择主动承担技术债务，那意味着在任何情况下，你都会把商业目标的实现放在第一位。因此，度量指标就可以从导致技术债务的故意设计决策中获得。基于代码中映射到设计决策的可观察的度量指标，就可以对代码中的技术债务进行主动管理。

下一步发生什么

在选择分析标准、运行工具和检查代码之后，你的技术债务登记表中可能有一些技术债务项。识别技术债务项时还假设你正在进行回顾性分析。登记表没有解决系统技术债务总体评估的问题，但我们可以通过每一项来管中窥豹。此时，可以从以下两方面着手：

1. 通过每次迭代/sprint 内的重构，分开处理每个技术债务项。

2. 考虑技术债务项之间的依赖关系。

大型项目可能需要一些跨迭代的规划。

重构是在不改变外部行为的情况下对现有代码进行修改的过程。根据每个技术债务项的性质，在不引起架构更改的情况下重构代码可能是消除债务的最佳策略。为了确定最具成本效益的偿还债务的方法，技术债务描述提供了单独估算每个技术债务项成本的起点。通过确定的后果，我们可以了解经常性利息。对修复的分析提供了有关应计利息的输入。使用以下简单公式，在几个迭代中评估每个项：

经常性利息（后果）+ 应计利息（修复的传播成本）×高成本修复场景的可能性

在这个公式中，高成本修复的可能性越大，债务的总成本就越高。在决定是否偿还债务时，应比较不同修复场景的影响成本。如果技术债务项不可能产生连锁反应，或者它们不依赖于其他项，那么可以采用一次只关注一个项的方法。第 8 章将详细阐述第一种情况。

然而，软件开发很少如此简单。通常情况下，我们不得不兼顾两种情况来处理技术债务项。因此，第二种情况需要更详细的设计和可跟踪性分析，以评估系统边界内的依赖关系及技术债务项。第 9 章讨论第二种情况。

今天能做点什么

既然我们已经知道如何使用源代码来识别技术债，那么我们就可以不囿于外部质量问题（如缺陷）了，我们可以通过识别代码技术债务来处理代码内在质量问题。请从以下这些活动开始：

- 理解业务上下文，从而为使用源代码作为技术债务分析的输入提供指引。

- 获取并在你的开发环境部署静态代码分析工具，以检测代码级别的问题。

- 分析是否存在非故意的技术债务代码，并将它作为技术债务项，记录在技术债务登记表中。

例如，Phoebe 项目团队认识到了可维护性对于系统的重要性。缺乏可维护性和技术债务不是一回事，但是不可维护的代码会造成很多非故意的技术债务。将可维护性作为项目不可协商的软件设计原则永远不会错。

扩展阅读

这里有几个关于代码质量的指引和标准。ISO/IEC 25010:2011 系统和软件质量模型标准总结了质量特性、内部度量方法（不依赖于软件执行的度量）和外部度量方法（适用于运行软件的度量）（ISO/IEC 2011）。

IT 软件质量联盟（CISQ）发布了安全性、可靠性、性能效率和可维护性质量特性自动度量标准。这是研究定义与质量属性相关的代码度量标准的合适起点。

卡内基梅隆大学软件工程研究所的 CERT 分部已经发布了 C/C++和 Java 的安全编码标准，这些标准已经成为行业标准（SEI 2018）。

Visser 和他的同事（2016 年）的 *Building Maintainable Software* 一书成功地将原本复杂且普遍存在的维护能力问题简化为十条准则，并以 C#或 Java 的代码作为例子。这本书反映了荷兰软件改进小组数十年来评估软件项目的经验。

此外，业界还开发了有助于自动提高软件质量的方法。例如，基于生命周期期望的软件质量评估（Software Quality Assessment based on Lifecycle Expectations，SQALE）是 Inspearit 公司开发的一种方法，它根据可测试性、可靠性、可更改性、效率、安全性、可维护性、可移植性和可扩展性分类来识别代码问题。该方法基于对这些维度问题的修复情况来评估技术债务是否减少了（Letouzey，2016 年；Letouzey 和 Ilkie wicz，2012 年）。

静态代码分析在技术债务评估中有着广泛的应用。两个例子是 Arcelli-Fontana 及其同事（2015 年）和 Zazworka 及其同事（2014 年）的工作。如本章讨论的，这两个例子展示了如何分析代码异味（这些代码异味会导致技术债务），并总结了使用现有工具所遇到的挑战。

第 6 章

技术债务与架构

在本章中，我们介绍如何在架构级别识别技术债务。本章将介绍轻量级架构分析技术，你可以将其应用于设计与编码，以帮助识别和理解导致技术债务的设计决策。

超越代码

在第 5 章中，我们介绍了代码中微小缺陷的累积是如何导致大量技术债务的，而这些债务反过来又会使系统演进变得更困难、更昂贵和更容易出错。不过越来越多的证据表明，最昂贵的技术债务与软件系统的架构有关，而且很难偿还。因此，对技术债务的有效管理不仅限于对代码问题的分析，而且还要分析系统的架构问题。

这种技术债务的一个常见例子是，开发团队在时间紧迫的情况下，为第一次发布设计了一个模块化程度很低的初始系统。而模块性的缺失会影响后续版本的开发时间。只有通过广泛的重构，才能添加额外的功能，而这种重构会影响未来的时间计划并可能引入额外的缺陷。这种"架构债务"，不仅涉及系统结构（组织、分解和接口等）因素，还涉及关键技术的选择，从操作系统到编程语言，从框架到开源组件的选择。

与代码级债务相比，架构债务更可能是有意的。开发团队遵循在项目早期阶段所做的决策，通常是由于他们不了解系统在未来将如何发展，或者是业务上下文发生了重大变化。架构债务也可能是我们在第 2 章中所说的技术鸿沟导致的非故意债务的后果：最初的设计很好，但经过多年的发展，最初的技术选择变成了技术债务。例如，你设计了一个带有本地数据库的系统，但 10 年后，将所有数据放在云中才是更好的选择，而你的本地数据库现在就是一个技术债务。

在第 5 章中，解释了工具如何帮助我们发现大多数代码级的技术债务。对于架构债务，这些工具没有那么有用。有些工具可能会暴露系统的结构问题，比如循环依赖、模块之间的高耦合以及身兼多职的大类。这些问题和其他一些问题可能导致系统不可维护和难以修改，需要在以后的开发中进行大量的返工。因此，积累了技术债务。但是有些类型的架构债务，工具是无法简单地检测到的。这类债务存在于最熟悉架构的人的头脑中：它的设计者。没有任何工具会告诉你应该使用 NoSQL 数据库而不是关系型数据库。在很多情况下，架构决策只是进一步的设计和实现中使用的约定。

深思熟虑的架构（也指导了系统的实现）和技术债务积累的可管理性之间有直接的关系。例如，如果我们的目标是系统持续工作几十年，能应对不断变化的技术，那么系统必须采用关注点分离的架构，而且相关人员可解耦技术层以便于升级，并确保变化是局部可控的以便于添加新功能。这些是重要的架构关注点，它们应该成为设计审查的主要方向，并在代码库中体现出来，不仅在系统开发的开始要这样做，而且要贯穿整个生命周期。并且相关人员应该设计和监控系统的质量属性，或架构上的重要需求，例如关于系统的可靠性、安全性或可维护性的需求。关注质量属性有助于将注意力集中在系统的横切方面，例如如何在不同的条件下执行系统，数据如何流动和管理，以及它如何依赖于其他软件，如数据库、用户界面和后端框架、中间件等。

我们可以通过评估特定的质量属性来补充工具在揭示架构债务方面的短板。不过同样的问题是，这些评估很可能主要揭示了技术债务的症状，所以设计人员必须将实际受债务影响的架构元素标识为技术债务项。例如，当从几百个用户扩展到 10 000 个并发用户时，性能下降是技术债务的一个症状：一个关键的质量属性受到了影响。这种症状是由这两个子系统之间的大量远程过程调用（债务项本身）引起的。当系统只有几百个用户时，这不是问题。

这里有一个由 Phoebe 项目的开发者提供的架构债务的例子：

> 基础设施代码中存在一些问题，最初的架构是合适的，但是没有得到一致的遵循。就是说，虽然选择了合适的架构，但是在实现中，走了捷径，并且依赖关系不清晰。具体表现为代码库中复杂性和耦合性的增加。

这种现象被称为架构漂移：预期的架构在整个系统中实现得很差或不一致。这个例子强调了这种技术债务在项目的整个生命周期中是缓慢积累的。它不是一个突然的、可见的事件，使我们可以马上采取补救行动。现在 Phoebe 开发人员知道了代码库中的哪部分导致复杂性增加到无法承受了，他们下一步最好的行动是找出代码中最复杂的部分。通过一些策略性的思考，以及代码分析可以发现这些积累的架构问题。

矛盾的是，过早地关注架构和可演化性也可能导致技术债务。Phoebe 的开发者抱怨道：

> 最初的设计非常灵活，但是我们最终无法使用该设计。结果是，许多关键组件的接口都非常笨重、复杂、难以使用（特别是对于项目中的新手来说），而且容易出错。这让我们的进度慢了下来，项目还没有真正的收益。

当你迭代地进行技术债务分析时，可以使用几种策略来揭示系统架构中的技术债务（如第 4 章中所述）。可以向设计人员询问系统的总体健康状况，或者从一个生产问题开始询问。你可以检查架构本身或代码，或者其他软件工件，以深入了解架构。通常，最好结合以下这些行动：

- 询问设计人员系统的健康状况或生产问题。
- 研究架构。
- 检查代码以深入了解架构。

下面我们来看看如何实施这些行动。这三种行动的起点、调查线索和分析方法各不相同，但是目标是相同的：在关键业务目标的上下文中识别架构技术债务项。

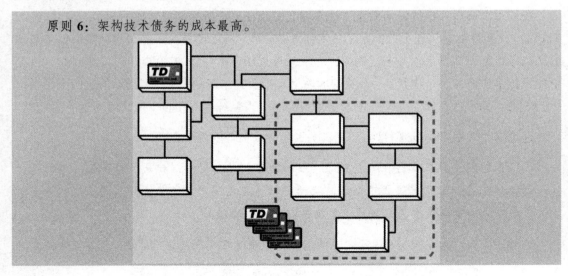

原则 6：架构技术债务的成本最高。

架构技术债务对整个系统都有影响，因为它们深深地交织在一个复杂的依赖关系网络中。如果架构没有经过很好的设计，架构技术债务的成本就会随着系统的发展而增加。更改主要的架构决策可能比更改源代码困难得多，特别是在系统不断演进的情况下，因为这样的更改会产生广泛的影响。补救工作可能跨越多个迭代，或者可能在多个版本中消耗大部分可用资源。

询问设计者

询问最了解系统的人，即设计人员，关于系统的当前状态和历史。询问设计人员系统的总体健康状况，或者从一个重要的生产问题开始谈话。

这里是一个关于询问的策略草稿，主要询问系统的总体健康状况，并开始定位技术债务项：

- 确定软件架构师、技术领导或有经验的开发人员等项目相关人员。

- 争取一些时间，单独或以两三个人为一组与他们见面。一个小时的会面应该会让你得到足够的信息。

- 清楚地解释会议的目标，并界定"技术债务"一词。强调在项目问题跟踪系统中已经知道可见的那些债务可能并不是系统的主要缺陷。为了更好地聚焦，你也可以解释一些终极目标：灵活性、更短的发布周期、更高的可靠性，等等。

- 问以下这些问题：

  ➢ 回顾过去，你或其他人对系统所做的哪些设计决策现在让你感到后悔？

  ➢ 你为什么现在后悔？（负面影响是什么？）

  ➢ 当时有其他选择吗？

  ➢ 这种替代方案在今天仍然可行吗？

  ➢ 你能想出另一种方法来补救这种情况吗？

- 只关注软件，而不是那些做了不太正确的决定的人，或者那些推动团队这样做的人，避免责怪任何人。

- 重新表述技术债务项——受影响的软件工件、原因和结果。

- 将一般的、高层次的关注点分解为几个较小的技术债务项。

- 在进行一系列单独的访谈时，你可能很快就会发现已经确定的技术债务项的相关信息。如果确实如此，请快速转移到一个新的话题。

- 当你遇到似乎与偏见有关的回答时，例如，对于这种系统，我更喜欢 Java 而不是 Ruby。我们最初选择 Ruby 是个错误！请快速前进。

进行单独的访谈有一些优点，也有一些缺点：一方面，这样成本更高也更耗时。另一方面，这允许设计师 1 表达对设计师 2 做出的决定的担忧，设计师 2 可能是他或她的主管或更资深的人。因组织文化不同，团队中的诚实度也不尽相同。

访谈的一些结果可能需要通过检查设计和代码来验证。在已经随时间演变得非常大的系统上工作，或者被采访者最近没有在项目上工作，那么一些技术债务项可能已经偿还了。例如，你可能会被告知，"大约三个月前，我们在第 7 版发布中用 Neo4J 替换了 MySQL。"

这个访谈策略将会引出大家明明都知道有技术债务但却不愿意明说的原因：

- 保护制定决策从而导致技术债务的人，他可能是组织中的关键角色。

- 一种宿命论的感觉，认为现在没有什么能改变这个架构，否则代价太大，所以自己不必费心考虑。

- 文化和社会层面的问题，比如说出技术债务的问题，会让人感觉丢脸。

- 熟悉现状，且对未知有些恐惧（不确定性规避）。

"五个为什么"是一种迭代的询问技巧，用于探究特定问题背后的因果关系。该技巧的主要目标是通过重复问题"为什么？"来确定导致缺陷或问题的根本原因。每个答案都是下一个问题的基础。当怀疑有多种原因时，可以用鱼骨图（也被称为石川图）来表示。下面是询问一个观察到的症状的例子，其中包括问"为什么？"

"这种类型的更新耗时太长。"

"为什么？"

"因为要更新的代码位于 6 个不同的位置。"

"为什么代码位于 6 个不同的位置？"

"因为我们为了实现与领域无关的组件而选择了严格的类解耦模式。"

"我们为什么要用这种模式？"

……

该行动的结果是，你会向技术债务登记表中增加新的技术债务项。这些新的技术债务项必须通过检查设计或代码来验证。

研究架构

许多分析技术已经被证明对于研究在整个软件开发生命周期中所使用的设计和架构是有用的：

- **思维实验和反思性问题**：进行思维实验和提出反思性问题可以增强人们的分析能力。人们在解决问题和思考问题时的思维方式是不同的。提出反思性的问题可以检验人们所做的决定，这就要求他们审视自己的偏见。尝试问这样的问题："某些事件发生的风险是什么？风险如何影响解决方案？风险可以被接受吗？"

- **检查清单**：使用检查清单来指导你的分析。检查清单是基于对大量系统的经验评估而开发的一套详细的问题。检查清单可以来自质量属性的分类和相关的架构策略，这些策略覆盖了管理质量属性的设计选择空间。例如，控制可修改性的架构方法与耦合和内聚有关。尝试问这样的问题："修改一个特性的成本是多少？系统是否始终支持增加语义一致性？系统是否一致地封装了功能？系统是否以一贯的方式限制模块之间的依赖关系？由于系统设计的原因你是否经常地推迟重要功能的绑定，以便在生命周期的后期替换它，甚至去支持可能的来自用户的请求变更？"检查清单还可以基于特定技术或特定领域的经验。

- **基于场景的分析**：场景是从一个利益相关方的角度对系统交互的简短描述。基于系统的架构，利益相关方可能会提出一个变更场景，以查看修改系统的成本。分析人员可以使用质量属性场景来检验是否可以满足及如何满足场景。

- **原型和仿真**：原型或仿真的创建补充了用于分析架构的概念性技术。通过原型可以更深入地理解系统，但是这增加了成本和工作量。

风险是架构健康状况差的一个指标。这些分析技术可以揭示架构风险，以及潜在的有问题的设计决策，它们会危及系统需求和业务目标的实现。随着时间的推移，如果忽视它们，会产生大量的技术债务。设计问题的出现与不断的返工会驱使你向登记表中添加新的技术债务项，或进行额外的分析以确认是否存在风险。

寻找数据库技术债务

Eoin Woods

讨论技术债务以及如何发现、管理和避免技术债务的文章已经有很多了。但几乎所有这些工作都只涉及应用程序的算法和结构，而忽略了另一种重要类型的技术债务，即数据模型、访问数据库的代码、数据库模式以及存储在其中的数据方面的技术债务。对于系统来说这类技术债务是一种重大的负担。这种债务可以在数据模型的概念和逻辑层面以及物理层面产生（Al Barak & Bahsoon，2016 年）。

数据库债务的表现

在数据库设计阶段，为实现特定的质量属性需求（通常是性能或可修改性）而采取特定取舍的情况下，常常会出现有意的数据库债务。这可能导致系统具有高度范式或非范式的关系数据库模式。这些数据库设计可能会对其他质量属性产生不良的影响，从而导致诸如查询难度大或数据重复程度高等问题，使更改数据变得困难。

对于意外的数据库债务，常常无法清楚地确定其利弊。例如，数据库模式的某些部分被重载，用于一个目的的实体或表被用于另一个目的（例如，事务表被用于保存具有特殊标识符的"魔法"行，这些行包含摘要或汇总数据）。这可能发生在抽象的概念、逻辑或物理级别。

在逻辑或物理级别出现的另一个问题是模式结构重复。例如，所有的销售记录都应该只有一个实体或表，但是由于地区之间的差异，权宜之计的选择是为每个地区建立单独的、稍有不同的销售记录表，这使得合并报表和更改销售记录更加困难。

大多数关系型数据库都支持元数据特性（如列是否可空、外键和主键约束以及数据约束）。这些特性可以帮助减少物理数据模型中的技术债务，并确保逻辑模型正确地实现和维护。然而，为了节省初始实现的时间，通常会跳过此步骤，结果导致建立一个很难理解并保持一致的数据库，以及产生 Weber 等人发现的其他问题，如"外键"债务（2014 年）。

某些类型的数据库技术债务发生在物理实现级别。

在旧系统中常见的一个问题是滥用字符串，这些字符串用于保存应用程序代码中本应定义为特定类型（如数字）的数据。这种债务甚至可以发生在日期类型上。我见过这样的情况：一个表中的一些记录的一个列中有非常奇怪的日期，这些日期都是很久之前的日期。当我进一步调查时，发现有人在某些情况下在代码中把一个整数值转换为日期并存储在此列中，当他们需要再次阅读时，只需把过程反过来就可以了！

几乎所有的数据库都依赖索引来提高查询性能，而在新的和旧的系统中可能普遍存在的相关物理层问题，是在开发或维护更改数据库期间缺乏对索引的考虑导致的。这会导致一个数据库或特定查询在小数据量下运行得相当好，但一旦数据量变大时，就会变得异常缓慢。

当在进行物理数据库设计和实现时，良好的数据库性能可能是各方冲突力量（如更新与检索性能）的复杂平衡，而要达到合适的平衡需要时间、技能和经验。有时，我们迫于压力，会依赖复杂的查询或优化器提示、技巧或不明就里的配置设置，它们就像一块橡皮膏，可以立即解决问题，但它们却成为系统的一部分，没有人敢更改，因为你很难在不损害性能的情况下更改。

在系统交付的设计和开发阶段还可能引入另外一些类型的数据库技术债务。

有些数据库，特别是关系型数据库，允许将大量复杂的代码作为存储过程和触发器存储在数据库中。由于这些代码是用特定语言编写的，很难单独进行测试，也很难应用测试驱动开发等技术，因此这些代码常常难以理解。

大多数数据库系统在处理数据集时工作得最好，对于本质上是集处理器的关系型数据库尤其如此。然而，许多缺乏经验的开发人员并不知道这一点，他们有一种迭代式的"逐行"思维，这导致他们编写的代码都是一次访问一行数据。这是非常低效的，这些代码对于小数据量的测试可能表现很好，但是我们不可避免地需要重写代码才能发布到生产环境。

对手头的问题应用正确的数据模型也很重要。在过去几年中，所谓的 NoSQL

数据库出现了爆炸式增长，其中包括文档数据库、键值存储数据库、基于缓存的分布式列存储数据库和图数据库。每种数据库都非常适合某种特定的场景而不适合别的场景。了解哪些场景适合应用它们需要经验，而使用不同的数据模型会增加复杂性。一种常见的数据库设计债务是使用一个数据模型来处理所有类型的问题，因为你熟悉它或者它比较容易上手。这可能会导致不适当地使用数据库（比如用关系型数据库来处理图式查询），并在以后产生不可避免的维护问题。

避免数据库债务

多数系统都有一个重要的数据库，数据库债务不仅可能会发生，甚至必然会发生，那么你可以做些什么来避免或减轻它呢？

关键是在构建或维护具有复杂数据库的系统时，将数据库债务视为一个潜在的问题。你用于避免其他技术债务的实践，如结对编程、设计评审、签入时的代码评审、自动测试、标准、自动代码检查和重构，对于数据库代码同样适用。

坦率地说，一些技术很难实现，比如给数据库访问代码或 SQL 编写单元测试。类似地，用于检查数据库代码的自动化代码质量工具明显不如检查 Java 和 C# 之类代码的工具那么通用和先进。这意味着，除了有所意识，你还需要积极主动地监控和管理项目中的数据库技术债务，并且可能需要将你不熟悉的工具集成到环境中（请参见 Arulraj，2018 年和 Redgate，2018 年）。

数据库是许多计算机系统中的一个关键组件，但是实践者常常想不到在系统的这一部分中积累的技术债务。随着这些系统的数据库容量不断增大或进行重大的变更，许多系统都出现了重大的运维问题。

认识到数据库层潜在的问题是很重要的。如果你想维持有用的和灵活的系统，就需要像监控其他应用程序的设计和实现的技术债务一样积极地监控数据库技术债务，并且需要从长远的角度来解决这些问题。

检查代码，以深入了解架构

即使你没有可供参考的架构描述文档，也可以通过能够识别代码中的依赖项和结构的工具来检查代码，从而深入了解架构。

代码分析工具正变得越来越复杂，它们现在通常也支持依赖分析。定量的分析技术应用某些技术或工具来分析软件工件，从而帮助回答有关系统特定属性的特定问题。在代码上使用的许多量化度量指标可以应用于实现结构或模块的视图，以评估架构的状态。一些工具提供了直接从代码中提取模块视图的功能。还有些工具能够按照设计来表示模块视图，并将其与代码结构进行比较，以检查代码是否符合架构设计。

代码度量技术已经可以很好地应对规模不断增大的代码和设计元素的度量。例如，圈复杂度适用于代码和设计元素，如方法、类、包、模块和大型系统的子系统的度量。复杂度可以作为理解系统架构的起点。一些工具还包括检查架构相关模式的规则——例如，将业务逻辑与 SQL 语句（模型-视图-控制器，MVC 模式）解耦，或者检查框架使用的一致性。运行时度量可以检测与代码结构密切相关的其他架构问题——例如，如何分解服务，它们如何相互交互，系统如何响应，以及如何处理数据。

为了了解变更的影响，开发人员需要识别系统中变更涉及的模块，并跟踪受变更影响的依赖模块。分析单个元素及其依赖关系的相关技术包括：

- **单个软件元素的复杂度**：代码行数、模块大小一致性、圈复杂度。
- **软件元素的接口**：识别隐藏、出入系统和传输模块的依赖性配置；状态访问冲突情况；API 函数使用情况。
- **软件元素之间的相互关系**：耦合、继承、循环。
- **影响范围属性**：变更影响、累积依赖项、传播、稳定性。
- **软件元素和利益相关方之间的相互关系**：关注范围、关注点重叠、关注点在软件元素上的扩散。

在使用这些技术时，不仅要关注结果，而且要关注进行度量所依据的假设。并非所有的度量方法都要使用，但你可以参考许多有用的度量方法。你的选择取决于许多因素，例如，你正在度量系统的哪个部分？是外部依赖项还是库和框架？度量的是什么？看似简单的度量（如代码行）工具往往会产生不同的结果。然后系统是如何表示的？例如，通常度量结果使用代码的抽象模型对数据和控制流进行假设，该模型在结果的保真度（例如，准确性和精度）方面进行权衡。那么，应该如何组合结果？一些工具将技术指标内聚成一个单一经济的健康指标。这些基本的度量方法仍然是有用的。基于这些原因，需要查看度量方法之间的依赖关系并了解这些假设是否适用于你的情况。但是查看代码并不像想象的那样简单：存在的不同的存储库或技术使得发现依赖关系变得非常困难。

这些指标，无论是定性的还是定量的，都可以与行业趋势或项目本身的数据进行比较，以确定阈值。超过一个临界值则提示架构健康状况不佳，你可能会因此向登记表中增加一个新的技术债务项，或进行额外的分析以确认是否存在风险。

Phoebe项目架构中的技术债务案例

在第 5 章中，我们了解了 Phoebe 团队发现债务的策略的例子。Phoebe 从一个观察到的缺陷增多的症状开始，努力找到出现问题的根本原因。第一步是让项目经理询问开发人员，他们把注意力投向意大利面条代码。然后引出一个质量目标，并设置检查代码的上下文。团队确定了两个代码技术债务项：删除空 Java 包和删除重复代码。

Phoebe 团队继续监控系统出现的症状，并迭代技术债务分析的步骤，看看架构分析会发现哪些额外的信息。团队聚焦在以下活动：

1. 了解关键业务目标。

2. 确定与这些业务目标相关的 Phoebe 系统的关键关注点/问题。

3. 定义与问题和目标相关的可观察的定性和定量标准。

4. 选择并应用一个或多个技术或工具来根据定义的标准分析软件系统。

5. 将未发现的问题记录为技术债务项，并将其添加到登记表中。

6. 根据需要迭代以上步骤 2~5。

Phoebe 团队计划在发现问题时，在代码和设计之间来回考虑。代码中的相关问题可能指向总体设计问题。架构中的问题可能指向设计和代码中值得深入分析的热点问题。当团队成员执行活动 4 时，他们的工具箱中有了我们刚才描述的三种新技术：询问设计人员系统的运行状况或生产问题，检查架构，并检查代码以深入了解架构。

了解关键业务目标

关键的业务目标在第一次迭代中定义。推动 Phoebe 项目的一个业务目标是"构建一个易于演进的产品"。开发团队已经从代码的角度考虑了这个目标。另一个相关的业务目标是"增加市场份额"。越来越多的人担心安全漏洞会导致用户对系统信心的下降。这些漏洞是另一个痛点，可以追溯到与安全相关的缺陷，比如由于越界数字导致的系统崩溃。开发人员讨论可能的解决方案。其中一位开发人员提议："我们可以过滤掉导致崩溃的越界数字，或者我们可以深入挖掘，了解这是如何发生的。"

另一位开发人员说："如果时间允许，我想知道出现问题的根本原因。我的感觉是，如果我们在这里修补它，它稍后会在其他地方重现。"

考虑到处理问题的紧迫性，团队选择了走捷径，他们快速解决并丢掉了该问题，但现在不得不再次面对它。一名团队成员在与此问题相关联的工单中记录了理由作为注释："嗯……重新打开。测试用例导致调试时崩溃。我已经确认，原始源代码确实会导致生产环境崩溃，因此这里一定有多个问题等待解决。"

团队成员将注意力转向这两个业务目标，以了解架构中的技术债务。团队现在对架构设计工件感兴趣，希望从中可以发现有关源代码的问题。团队试图回答更多的问题：我们怎么才能搞清楚设计是否凌乱？架构与代码中混乱的区域之间有什么关系？

该团队还试图回答新的值得关注的问题：我们花了多少时间修补代码来解决漏洞问题？这些修补的代码是解决了根本问题，还是引入了新的潜在设计问题？违规行为是否相互关联？它们与凌乱的设计有关吗？

定义架构度量标准

从问题和关注点出发，团队成员定义了架构度量的标准，用来判定他们是否在实现关键业务目标的轨道上。可维护性，如 ISO/IEC 25010 标准中所定义的，来自一组子属性：模块性、可重用性、可分析性、可修改性和可测试性。

可修改性可能与添加新功能、技术变化（我们称之为技术鸿沟）或其他影响质量属性场景的演变有关，是系统随着时间的发展能更好地演进的需求。可修改性可以实例化为以下质量属性场景：

开发人员希望通过在设计时修改代码来更改用户界面。修改完成且通过了单元测试，3 小时内没有副作用。

可修改性场景的响应度量（3 小时内没有副作用）可以根据系统质量度量（软件开发过程的属性）进行分析，例如避免或消除缺陷的成本效益，或者可以根据设计度量标准（架构的属性）来分析，如模块设计复杂度、模块独立性、相互关系的复杂性、关注范围、重叠和扩散。后者与团队先前采用的代码度量标准重叠。通过一些代码分组结构（如类和包），我们可以深入了解设计元素。

下一步，Phoebe 团队定义了安全标准。在质量标准 ISO/IEC 25010 中定义的安全性是一组子属性，包括机密性、完整性、不可否认性、真实性和责任性。安全性可以实例化为以下质量属性场景：

远程位置的攻击者试图在系统正常运行期间访问私有数据。系统支持审计跟踪，将数据保持为私有，并确定篡改的源头。

安全场景的响应度量（多少数据易受特定攻击，检测到攻击之前经过了多少时间）可以根据系统质量度量（软件开发过程的属性）进行分析，例如避免或消除漏洞的成本效益。或者可以根据设计度量标准（架构的属性）进行分析，比如遵守安全的设计标准。如果不能满足响应度量的要求，那么方便对此需求提供支持就可以认为是一个系统增强的场景，从而对可修改性提出要求。

选择并应用架构分析技术来研究工件

了解到从代码中能得到的信息就那么多了，Phoebe 项目引入了一个外部团队来进行架构评估。在评估过程中，考虑所有业务目标和质量属性，以评估整个系统中的风险和做出权衡。这种对于设计的定性审查揭示了 Phoebe 团队质量属性目标的风险。架构评审分析显示了哪些业务驱动因素处于风险之中。

Phoebe 团队发现了架构中适配器与网关分离的问题。他们的架构概念中有一个公共网关组件，该组件向集成的企业系统和应用程序提供事务服务接口，同时隐藏外部资源接口。还有一个定制的适配器组件，用于桥接企业系统和应用程序的不兼容接口。他们发现的问题包括：

- 适配器的引用实现不符合生产质量要求。

- 网关已经发展到包含并非所有用户都需要的操作，并将一些常见操作（如审核和日志记录）推给了适配器。这些依赖关系使得分离这两个组件变得困难，甚至不可能。

- 对于需要与多个端点交互的用例，应用程序可以编排多个事务，或者允许网关处理出站请求。由于没有很好地定义网关和适配器的职责，导致实现上不能兼顾性能、健壮性、安全性和其他服务质量属性。

通过设计审查还发现了有关崩溃问题的细节。这些问题并非如开发者所怀疑的那样是由系统本身问题引起的。通过对 Phoebe 项目设计中的交互进行跟踪，他们发现了为另一个组维护的外部库的依赖关系。图 6.1 以鱼骨图（也称为石川图）的形式显示了发生这些问题的原因及影响。

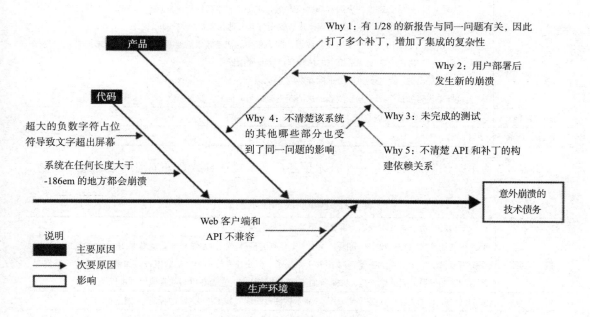

图 6.1　意外崩溃问题背后的因果关系

作为对架构评估的补充，团队通过自动化软件分析度量来发现使系统变得难以维护的事实。通过评估发现的风险为确定代码分析的范围提供了帮助，通过度量架构的复杂性和变更的影响可以了解设计的情况。通过度量方法和类的大小、圈复杂度、出入站等指标组合发现，许多方法、类和包都具有很高的复杂性。此外，通过分析度量还发现了系统圈复杂度的上升。

记录技术债务项

团队成员可应用这些方法和工具，记录分析结果，并将它们作为债务项关键关注点的参考。表 6.1 中的示例技术债务项显示了可通过对设计和代码的分析，来深入了解架构的可维护性。

表 6.1　架构选择的技术债务

技术债务名	Phoebe#420：适配器/网关分离架构选择锁定
摘　　要	Phoebe 采用面向服务的架构设计和 Web 服务接口。架构分为两部分：网关和适配器。网关处理不同组织的健康信息系统之间的通信。适配器使网关适应组织的后端系统。Phoebe 项目已经发展到需要一个更复杂的架构，但项目复杂性的增加和后来证明是一种限制的锁定的架构选择却成了阻碍
后　　果	立竿见影的收益是能在进度约束内实现解决方案。对每个版本特性矩阵的回顾都表明，项目正在努力添加新的功能。大多数版本都专注于处理集成、安全性和其他与质量相关的问题 通过对长期的成本预估发现开发速度将放缓，因为累积的债务导致需要额外的工作才能增加更多的业务能力。通过对工件的分析发现了返工的风险和风险所处位置： • 架构评审提出的一个主要风险是适配器/网关分离设计 • 通过静态代码分析了解了基于依赖信息的变更影响与架构的主要复杂性
补救措施	更好地定义适配器和网关的职责，重构以更好地分离这两个组件
报告者/指派者	设计团队

如表 6.2 所示，团队还记录了一个技术债务项，来描述导致意外崩溃的根源设计问题。

表 6.2　意外崩溃的技术债务

技术债务名	Phoebe#421：由于 API 不兼容，屏幕间距导致意外的崩溃
摘　　要	源代码使用非常大的负数字符间距，导致文本移到屏幕外。但是系统只能处理最大-186 em 的长度，否则系统将崩溃。一个类似的问题#432 用补丁修复了，但是还有另一个类似的报告。如果时间允许，我们想知道问题的根源。我的感觉是，如果我们只在这里修补它，它会在以后的其他地方重现
后　　果	我们已经收到 7 个客户的 28 份报告。这显示软件很脆弱。找到这次事故的根本原因变得紧迫
补救措施	快速而简单的解决方案是写一个补丁，但我们似乎已经做了两次。负责任的做法是找到根本原因并在源头处打补丁。我感觉外部 Web 客户端和我们的软件之间有一个 API 不兼容。我们将采取的行动是： • 探索其根源在哪里 • 看看能不能在我们这边把问题修复，但感觉外部 Web 客户端团队需要修复它，所以我们需要协商
报告者/指派者	我们需要和 Brant 讨论这个问题，因为修复可能比我们想象的要复杂

应对债务

在选择分析标准、进行分析并检查设计之后，Phoebe 团队收集了一些技术债务项。其中一些技术债务项与代码一致性问题有关。代码不符合架构设计原则。理解先前的架构设计为重构代码提供了上下文。其他技术债务项涉及设计验证问题。架构不支持业务目标，需要重新进行架构设计，从而触发了代码中相应的更改。我们将在第 9 章中对此进行更多的讨论。

今天能做点什么

与你的团队交流项目的目标和选择的设计方法是很重要的。以下活动可能有用：

- 明确度量架构和设计的标准，至少要明确标识架构方面的重要需求，包括可度量的、可测试的完成标准。
- 评审架构。如果没有文档记录，则从团队、源代码和跟踪的问题中收集信息。
- 将评审架构关注点作为迭代/sprint 审查和评审的常规部分。
- 使用关于架构风险的知识来指导源代码的自动化分析。
- 在修复缺陷或添加新的特性时，请把眼光放长远一点，以便发现能够导致技术债务的长期设计问题。

在这些活动中寻找存在的技术债务，并将其记录到技术债务登记表中。

扩展阅读

如果你不熟悉软件架构的概念，请从维基百科定义（2018 年）开始了解它。Ian Gorton 的 *Essential Software Architecture*（2006 年）是一本可快速了解架构知识的书。如果你想从敏捷的视角来了解架构，可阅读 Simon Brown 的 *Software Architecture for Developers*（2018 年）一书。为了更深入地探讨软件架构问题，我的软件工程研究所的同事们写了一部著作——

Softwave Architecture in Practice，该著作总结了他们超过 10 年的软件架构实践经验（Bass 等人，2012 年）。该著作还提供了有关质量属性场景和架构策略的更多信息。*Just Enough Software Architecture：A Risk-Driven Approach* 关注阻碍开发进度的风险（Fairbanks，2010 年）。用于系统开发和持续性保障的持续架构方法对于避免无意的技术债务至关重要。

架构权衡分析方法（Architecture Tradeoff Analysis Method，ATAM）是一种基于质量属性目标评估软件架构的方法，它用于暴露可能会阻碍组织实现其业务目标的架构风险（Clements 等人，2001 年）。Knodel 和 Naab（2016 年）在持续架构的上下文中引入了架构评估。Humberto Cervantes 和 Rick Kazman（2016 年）的 *Designing Software Architectures* 一书提供了设计过程中关于轻量级分析技术的更多信息，附录中包含了战术问卷。

架构描述语言（ADL）可用于描述软件架构。Clements 和同事的 *The appendix of Documenting Software Architectures：Views and Beyond* 一书的附录概述了 AADL、SysML 和 UML。这三种 ADL 是正式或半正式描述语言、文本或图形语言以及相关的工具的代表。使用 ADL 的好处是它可以为设计和分析活动提供良好的支持。

可以将设计规则引入设计结构矩阵来理解产品元素之间的依赖关系，并依此来解耦它们以实现有效的演进（Baldwin & Clark，2000 年）。研究人员和工具供应商已经将本书中的思想应用到软件中，以提供工具支持。例如，Tornhill（2018 年）和 Kazman 及其同事（2015 年）将这种分析放在技术债务的上下文中。

Ford、Parsons 和 Kua（2017 年）在他们的著作 *Building Evolutionary Architectures* 中引入了可执行的"适应度函数"的概念。尽管只有某些类型的架构约束可以这样检查，但这是我们尝试在架构债务发生时发现它的一种方法。

第 7 章

技术债务与生产环境

在本章中，我们将探讨在将软件部署到生产环境并交付给最终用户的过程中产生的技术债务。这个过程包括软件开发的构建与集成、测试、部署和发布等环节。这些发布活动涉及一些重要的软件工件，这些工件可能导致技术债务，也可能受到技术债务的影响。

本章还将解释如何在发布活动的基础设施中确认是否存在技术债务。本章将再一次展现轻量级分析技术，并使用此技术评估该类工件中的技术债务，还要确保可跟踪性，以保证这些工件不会因出现问题而导致技术债务。本章专注于自动化测试、持续集成和部署方面。

超越架构、设计和代码

在第 5 章中，我们研究了技术债务是如何在软件开发相关的传统活动中发生的，这些活动包括编写代码、设计和选择架构。但是，除了在这些活动中会发生技术债务，技术债务也可能出现在将软件交付给最终用户的环节中。

如何将软件交付到最终用户手中？行业实践千差万别。可以将软件嵌入另一个物理产品中，比如电视机；可以将其传送到个人电脑或其他设备中，比如笔记本电脑或手机；或者可以在使用 SaaS 模式（软件即服务）的大型数据中心中运行它。

SaaS 模式近年经历了一个巨大的转变，那就是从软件开发团队将候选软件版本交到运维团队手中，转变到两者更紧密地合作，这种方法现在被称为 DevOps。

正如软件行业使用的过程各不相同，用来描述这临门一脚的术语也各不相同。下面我们首先定义几个术语。

我们使用发布（release）这个术语来表示将完善的代码交到终端用户手中，并使它成为可运行的、可操作的系统的过程的一部分。因此，发布是将软件引入生产的过程，如图 7.1 所示。

发布的过程包括以下四项活动：

1. **构建**：创建可执行软件。

2. **系统测试**：验证软件可以使用。

3. **部署**：将软件（和数据）安装到合适的位置。

4. **使它工作**：让软件运行起来。

发布的间隔或长或短，从年，到月，到周，且大多是连续的。持续集成和部署使开发人员能够通过发布活动立即将代码更改推到生产环境中。

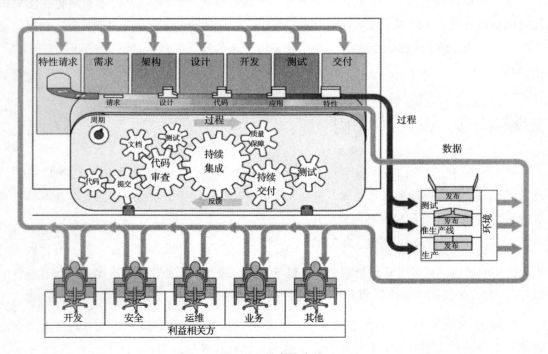

图 7.1　发布流水线

持续集成是整个行业的通用实践,软件发生任何重要变更都要重新构建软件。每次变更,都会对工件进行集成,并立即通知团队集成成功了还是失败了,且要求在继续开发之前解决问题。而持续部署是要尽快将更改部署到生产环境中,使软件能够运行。

这些实践都需要工具支持,现在有许多好的工具可供选择。这些工具通常由用各种语言编写的脚本(包括 shell 脚本)来驱动。

由于自动驱动的是这些脚本,因此生产环境中的技术债务与代码或软件架构中的技术债务在概念上并没有太大的不同。可以把基础设施想象为一个复杂的代码库。基础设施即代码指的是通过自动化流程管理 IT 基础设施的过程。在可能的情况下,版本化、脚本化和共享所有资产。

我们研究的三个项目实例(土星的三个卫星)都有一个重要的生产环境元素:运维团队。Atlas 使用 DevOps 方法,Phoebe 是一个敏捷项目,而 Tethys 使用更传统的方法。下面是一个 Phoebe 项目的例子,它的构建自动化工具被称为 Make,它可以从源代码自动构建可执行程序:

> 在增量构建时,Make 的依赖项计算花费了 20% 的时间,我们需要加快速度。

我们在过去能够做一些小的性能改进,但是现在已经不能继续做这样的工作了。

因此,Phoebe 项目既有作为产品的软件,即"已交付"的软件,也有帮助构建软件的软件,即软件产品。前几章讨论了 Phoebe 的产品,本章我们讨论构建产品的软件。对于套装软件(购买或付费下载的安装程序)或嵌入式软件,产品和帮助构建产品的软件之间的区别是非常明显的。对于 SaaS 来说,这有点棘手。但是这个软件仍然影响着最终用户的体验。

软件产品和生产环境中使用的软件之间有几个重要的区别:

- **不同的工具**:在生产阶段通常使用多个工具链,并使用插件对它们进行细化和专门化,这是传统编译/链接构建工具链的扩展,不是本质上不同的东西。

- **不同的语言**:在生产环境软件中使用的语言通常因易读性和可维护性而不为运维人员所熟悉。

- **不同的运维人员或不同人员的熟练度**:这些差异可能导致文化问题。有些组织不把基础设施代码看作一等公民软件。

- **不同程度的自动化**：通常需要手动执行一些步骤。

最重要的是，在将软件投入生产之前测试的难度更大。这在以压缩包形式发布的上下文中很容易做到，但在 SaaS 环境中要难得多。

在开发代码时，语言通常提供一些概念完整性，特别是在使用知名框架时。例如，可以使用 MEAN 技术栈（MongoDB、Explorer.js、Angular.js、Node.js），使用 JavaScript 编写所有应用程序代码，并在 Git 存储库中对其进行管理。相比之下，在发布过程中使用的工具可能更加零碎，并且可能是野蛮生长的（而不是精心设计的），有时这些工具在对软件工程不太熟悉的人手中。版本控制可能有 20 世纪 90 年代的感觉，也可能根本没有版本控制。

在基础设施方面并不像软件开发那样有成熟的方法，尽管有许多工具可以使用，因此进行自顶而下的设计更为困难。在标准实践、指南或培训方面几乎没有可用的方法。在大型系统中，工具链还会包含用于监控运行系统的行为或运行状况的工具，以收集有关系统运行的度量指标，自动对特定的错误行为作出反应，并指引未来的演进方向。

构建与集成的技术债务

构建和集成中的技术债务表现为两种形式：

- **构建脚本本身的设计和编码不完善或不理想**：实际上，构建脚本也是代码，有时由嵌入开发中的应用程序中的特殊代码支持。

- **构建依赖项和实际代码之间的不一致**：随着软件的快速发展，新组件可能不向后兼容。

原则 7：所有的代码都很重要！

所有的代码都很重要：单元测试代码、本版本不发布但下一版本会发布的代码、用于部署软件的构建脚本、框架自动生成的代码，以及用于自动执行测试、进行功能集成和部署生产环境的脚本。当系统被重构或演进时，这些工件之间的依赖关系会成为障碍，而不是助力。

开发人员在开发环境中编写代码，这些代码可以部署在专门配置的虚拟机上，也可以部署在他们自己的计算机上。在部署的不同阶段，准备了测试、准生产和生产环境，以匹配预期的基础设施配置。这些环境是独立的，易于更改，并且易于操作。如果管理不当，它们就会出现不一致。

技术债务可出现在每个环境中，并且造成这些环境之间的不一致。一个例子是在生产环境中发现一个不能在开发环境中重现的缺陷。即使将开发代码回滚到生产版本，也不能让它出现。这可能是开发环境中存在依赖包或操作系统更新的问题。后面我们会探讨生产环境的技术债务是如何在每次构建和集成、测试及部署中积累的。

构建自动化可使构建保持一致。构建脚本可以用于构建生产用的产品，但其通常用于其他任务，如运行单元测试、打包二进制文件、生成项目文档、测试覆盖率报告和内部发布说明等。缺乏构建基础设施是产生技术债务的一个因素，因为这会推迟新开发人员加入团队的时间或增加安装新机器所需的时间。

想实施自动化和持续集成，需要对基础设施进行投资，并需要在设计、开发和使用持续集成服务器方面投入大量精力。因此，构建这样的基础设施涉及架构和实现，可能会引入技术债务，正如第 5 章和第 6 章所述。

使用 DevOps 是否有助于消除技术债务

可以说是，也可以说不是！我们已经说过，使用生产环境基础设施不能免除技术债务。在持续集成和持续部署的背景下，使用 DevOps，被认为可以减少（如果不是消除）技术债务。这一说法肯定有些道理。手工分析、测试和集成不仅容易出错和导致完整性问题，而且随着软件的发展，还会出现可伸缩性、可重用性和正确性问题。自动化有助于使工件提交过程标准化，并提供一致的结果，提高集成的一致性和速度。持续集成更进一步，它在每次更改时使用构建服务器集成工件并实施质量标准。

下面这些实施自动化以及推动 DevOps 的过程有助于团队发现技术债务和集成的不一致问题，并评估通过 DevOps 支持的自动化可以消除什么。

- 自动化日常工作、容易出错和耗时的任务，提高了生产效率。

- 集成分析工具。

- 一个持续的软件交付环境。

- 稳定的操作环境。

- 改进沟通方式。

- 更稳定的（最终）产品。

　　随着自动化测试、集成能力的提升和相应工具的改进，DevOps 承诺实现更快、更可靠的软件交付。然而，这并不是解决技术债务的神奇方法。在本章中，我们讨论了技术债务在生产环境中存在的不同形式。但除此之外，还有各种各样的技术债务自动化流水线无法检测到，也无法找到解决方案。例如，架构决策可能很难自动化和监控。无论自动化过程多么顺利，DevOps 流水线都不会告诉你是否选择了最适合你实现的用户交互 UI 框架。虽然你经常可以将补丁和更新推送到正在运行的环境，但这实际上会积累技术债务，而不会从根源上解决问题。自动化的工具链不会帮助你检测可能最需要架构重构的那部分，因为软件工作正常。

　　DevOps 是提高软件开发质量和及时性的实践之一，是有意识地管理技术债务的有效方法。然而，DevOps 并不能取代全面的技术债务管理实践。天下没有免费的午餐！

测试技术债务

测试中的技术债务表现在三个方面：

- **不完善或没有优化设计的测试代码**：测试套件实际上也是代码，在开发的时候有时由嵌入在应用程序中的特殊代码支持。大量的自动化测试可能没有明确的目的，当它们失败时，可能有些事情是错误的，但是不清楚是什么工件导致了失败，以及失败的原因。

- **测试和实际代码之间的不一致**：随着软件的快速发展，新的测试可能会被遗漏，或者只测试了已经过时的需求。在开发早期引入的非常细粒度的测试，特别是针对打桩或测试挡板建立的测试，它们围绕真实代码创建了复杂的测试网络，而这个网络将成为一个维护上的噩梦，例如，一个小的更改可能会导致 60 个测试失败。

- **SaaS 环境的挑战**：开发、测试和生产环境之间可能会不协调。如果开发人员使用的是版本 X，持续集成使用的是版本 Y，生产服务器使用的是版本 Z，那么你的测试并没有测试正确的东西，并且开发人员可能不知道这些事情。或者，当部署到测试基础设施时，在开发过程中工作良好的代码可能会失败。

下面是一个 Tethys 项目的技术债务项的例子。多个测试有着相似的目的，一些测试相互覆盖，这让开发人员变得很沮丧：

> Page_test_runner 和 benchmark_runner_test 是重复的。此种重复是代码控制团队试图加快满足业务请求的结果。当编写实际的测试代码时，他们并没有意识到这只是简单地重复测试。这些测试代码应该合并和重构，因为代码还包括一个可以被重写的页面设置测试。

这个例子说明一个组织需要一个深思熟虑的策略来管理技术债务，不仅为了开发，也为了测试和生产。测试需要根据目的进行设计和调整，按照合理的编码实践来实现，并根据要测试的功能和属性来执行。

基础设施技术债务

部署中的技术债务表现在两个方面：

- **系统的结构**：如系统缺乏"可观察性"，这可以被称为监控债务。
- **脚本**：如在系统上执行部署代码、数据和更新的脚本。

这就是隐藏在基础设施代码中的基础设施债务。必须由系统维护人员一次又一次地手动执行的任务，就是基础设施债务的一个例子。运维团队必须持续支付经常性利息，同时应对重大风险。

缺乏对部署脚本的验证是产生技术债务的一个因素。必须检查脚本是否与架构兼容，以避免开发、测试和生产环境之间的不一致，从而将风险降至最低。

Phoebe生产环境中的技术债务案例

前面描述了 Phoebe 团队如何识别代码和架构中的技术债务项。下面我们继续以 Phoebe 项目为例，看看团队通过分析基础设施还可以发现哪些额外的信息。将基础设施视为代码，团队成员再次遵循技术债务分析的步骤（见第 4 章）来分析。在第一次迭代中，他们定义了关键的业务目标。开发团队已经从代码和架构的角度研究了两个与业务目标相关的痛点："构建一个易于演进的产品"和"增加市场份额"。另一个相关的业务目标是"缩短上市时间"，但人们越来越担心，因为进展的速度在不断下降。甚至实现一个简单的更改并测试它，都需要花费很长时间。开发人员将注意力转向优化构建时间和测试基础设施上。

优化构建时间

当 Phoebe 团队评估改进 Make（一种构建工具）依赖计算的性能可能的解决方案时，考虑了技术债务带来的后果。团队是否应该继续承担更多的债务，以牺牲某些绩效为代价来偿还债务，或者在仍然达到绩效目标的情况下偿还部分债务？

表 7.1 中的示例技术债务项显示了团队对构建基础设施的分析，以深入了解构建和集成脚本的可维护性。

表 7.1　构建基础设施时的技术债务

技术债务名	Phoebe#500：优化构建时间
摘　　要	Make 的构建依赖计算占用构建 20%的时间。该团队正在考虑三种替代解决方案，以及在引入技术债务，以优化性能方面的权衡
后　　果	延长构建时间和反馈的周期
补救措施	尝试了三种方法： 1. 在 cc 编译器命令中使用 extra_cflags 参数，分离预编译头命令。 2. 重写 cflags 的每条规则，加入-include 参数来指定原文件，使用-x 参数来预编译头文件。 3. 正常使用$base_cflags 标志，把 cflags 设置为 base_cflags –include。对于预编译头文件，使用$base_cflags –x 重写。 第一种方法很脏，但速度快。第二种方法很干净但慢得多（由于每个对象文件都有 cflags）。第三种方法既干净又快速。
报告者/指派者	构建团队

改进测试基础设施

Phoebe 团队还希望对遗留测试框架重用新的测试助手模块。虽然开发团队一直在将集成测试向新的测试框架中迁移，但仍有两个并行的测试助手需要维护。这种代码重复是技术债务的来源，需要团队成员在两个地方进行更改。他们经常忘记，这会导致两个框架之间的意外漂移。

团队正在采取的补救方法允许遗留测试框架重用新测试框架的助手模块，这些模块本质上是一个清理过的端口（更好的文档、经过 lint 检查、明显的错误已被修复）。表 7.2 中的示例技术债务项显示了对测试基础设施的分析，以深入了解测试框架的可维护性。

表 7.2　测试基础设施时的技术债务

技术债务名	Phoebe#501：改善测试基础设施
摘　　要	当开发团队将集成测试迁移到新的测试框架时，有两个并行的测试助手需要维护
后　　果	这种代码重复是技术债务的来源，需要团队成员在两个地方同时进行更改。他们经常忘记，这会导致两个框架之间的代码不一致
补救措施	重用新测试框架的助手模块。目标不是在新旧测试框架之间达到 100% 的代码重用，而是 80%~90%。 此处保留测试方法有三个原因： • 当移植到新的测试框架时，它们被重构成不同的模块，并且需要更新遗留测试，以加载新模块。 • 在旧的测试框架中浏览页面是一件麻烦的事情，并且旧的测试框架已经被新的测试框架清理干净了，因此测试的实现永远不会被共享。 • 细微的重构更改会使新实现在某些测试中失败。这个失败的测试应该使用旧的实现来跟进，然后在迁移完所有测试后重构
报告者/指派者	开发团队

偿还生产技术债务

在检查了基础设施之后，团队成员又向登记表中添加了一些技术债务项。这些技术债务项与构建和测试基础设施有关。他们需要权衡其他系统属性，并了解偿还部分技术债务的后果；还需要检查遗留测试框架，并评估随着开发人员将集成测试迁移到新框架中，债务将如何随时间变化。第 9 章将详细讨论这些主题。

今天能做点什么

现在，重要的是确定帮助你构建产品软件的软件，并将其视为一级代码。以下活动在现阶段可能有用：

- 对其进行配置管理。

- 文档化（见第 12 章）。

- 将运维集成到整个开发过程中。

- 追求易于部署、具有可观察性和自动化过程的架构。

- 像分析产品一样，分析基础设施的设计和代码是否存在技术债务。

扩展阅读

Andrew Clay Shafer（2010 年）提出了基础设施债务隐藏在基础设施代码中的想法，而 *Infrastructure as Code*（基础设施即代码）实际上是 Kief Morris（2016 年）的一本书的标题。

在小说 *The Phoenix Project* 中，Gene Kim 和合著者（2013 年）很好地说明了技术债务对基础设施和 DevOps 的影响。在 *Site Reliability Engineering* 中，Beyer 及其同事（2016 年）强调，在生产和测试基础设施中，欠佳的自动化方案可能产生的问题比它解决的问题更多。

要了解更多关于 DevOps 的信息，可以参考相关的资源。Sanjeev Sharma（2017 年）的 *DevOps Adoption Playbook* 一书为在大型组织中实施 DevOps 提供了指导。Gene Kim 和 Patrick Debois（2016 年）的 *DevOps Handbook* 是另一本关于什么是好的 DevOps 的行业参考书。有关软件架构师对 DevOps 运动的看法，请参阅 Len Bass 及其同事撰写的 *DevOps* 一书（2016 年）。

关于文档，特别是记录架构视图的文档，请参见 Simon Brown（2018 年）和 Clements 及其同事（2011 年）的文档。其中，部署和安装视图描述了架构元素到计算平台和生产环境的映射。

第3部分

决定修复什么技术债务

第 8 章

技术债务的成本计算

尽管有技术这个形容词修饰，但技术债务最终还是一个经济问题。你的管理策略是围绕着要花多少资源，什么时候还债。在本章中，我们将经济焦点放在技术债务项上，以揭示在决定如何偿还债务时所需的信息。本章还将解释如何在减少经常性利息时估计偿还的成本和由此节省的成本。

将经济焦点放在技术债务上

一般来说，决定软件项目成败的关键因素是价值的最大化，以及成本的最小化。技术债务也是如此，它们决定你要做些什么，以及做多少和什么时候做。在软件产品生命周期的某个时刻，你必须能够计算出你处理需要处理的技术债务项要花的成本。这涉及计算和估计保留或者消除债务的成本。

以下是 Atlas 团队如何权衡减少经常性利息与偿还债务成本的价值：

> 运行一个代码静态检查器后，Atlas 团队找到了某段代码的 34 个克隆。他们注意到，是因为对 32 个克隆的不一致修改触发了一个很难找到的错误。为偿还债务而提出的重构包括将这 12 行代码的逻辑封装在一个方法中，然后通过调用此方法替换所有 34 个克隆。成本呢？大约一小时。哦，等等，他们可能需要做一些回归测试来验证他们没有影响整个系统的逻辑。哦，等等，几个受影响的地方没有单元和回归测试。添加测试，在修改前的版本中运行测试，然后运行回归测试，这

要再增加两个小时。

归根结底，消除这一技术债务项需要一天的工作。团队确定通过跟踪这些缺陷从而减少债务带来的好处，是支持花费成本来修复缺陷的。

如果从登记表中获取技术债务项，则可以估计消除相关技术债务所需的总工作量。关联债务是我们所称的当前本金，其中包括更改代码或设计选项的成本以及所有应计利息，工作包括撤销临时解决方案的代码、设计或生产基础设施上的修改等。

假设你必须把一个类分成两个不同的类。如果你已经等了很长时间来偿还这个技术债务项，并且已经编写了很多其他依赖于此类的代码。你需要重新访问并修改代码中的所有这些地方。这些修改可能会对其他依赖代码产生进一步的影响。最初天真的估计是需要一天时间来重新组织这些类，现在迅速膨胀到需要三天的工作时间来处理所有应计利息的影响。

简单的债务减少的投资回报率（ROI）计算比较了减少经常性利息的收益与支付当前本金和应计利息（补救成本）的成本。

我们在第 2 章中介绍技术债务时间线时说过，需要知道系统中的技术债务成本，并了解何时达到临界点（见图 8.1）。通过完善技术债务项，我们能够估计成本和优先采取的行动。

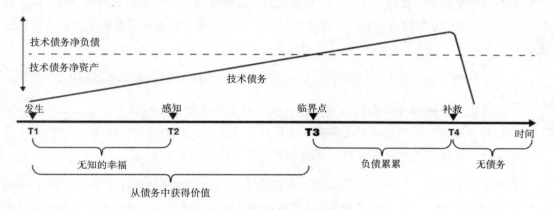

图 8.1　达到临界点

将经济焦点放在技术债务项上需要做以下工作：

- 细化技术债务描述以识别受影响的和相关的软件工件（代码、测试、构建脚本等）。
- 使用工件计算修复成本。
- 使用工件和后果计算经常性利息。

下面我们更仔细地看一下本金和利息的技术因素。

细化技术债务描述

当你或你的经理、客户或 CTO 问："我们有多少技术债务？"真正的问题是，"现在修复这些问题要花多少钱""有什么好处"以及"如果我们现在不修复它会有多大的影响"。对于这些关于未来的问题，不仅仅要考虑代码、架构或生产基础设施，而且要确定之后是否所有相关问题都能得到解决。对技术债务的任何计算都应该从这样一个整体的角度来进行。

完全自动化整个决策和资源分配过程是不可能的，而且自动化的静态分析工具无法进行这些计算。你可以识别问题并进行设计的权衡以修复问题，但将问题评估为技术债务并管理它们，需要进行端到端的经济论证。有时修复是一个微不足道的代码更改，即使是在架构分析期间发现的问题；有时修复需要重新构建架构，即使技术债务项是通过静态代码分析发现的。

回顾我们在第 6 章中研究的 Phoebe 敏捷商店，大负数字母空间问题最初是用一个补丁来解决的，开发人员需要两个小时的时间来完成。这就是债务开始累积的时候，因为除了评估代码，团队最初未能评估架构，直到其中一个开发人员感觉到系统需要更复杂的分析和修复。

因此，其中一位开发人员输入了一个技术债务描述，摘录如下（完整说明见第 6 章）：

> 这是一个影响多方面的关键问题：软件崩溃会让用户感到沮丧，负数空间会导致整数溢出，从而造成安全漏洞并使软件变得脆弱。开发人员已经修补了代码，但是他们还没有找到根本原因，这使他们感觉修复可能更复杂。

表 8.1 展示了细化的技术债务描述，并确定了与之相关的具体软件工件。尽管 Phoebe 团队在架构分析期间记录了技术债务项，但现在团队成员知道代码、架构和生产基础设施彼此相关，并且不总是容易将它们分开。它们都可能是分析的起点，并可能引发对其他相关方面的反思。当团队成员计划补救时，他们需要考虑对一个工件的更改如何影响其他工件。

表 8.1　债务是什么？债务在哪里？

技术债务名	Phoebe#421：由于 API 不兼容，屏幕间距会导致意外的崩溃
摘　　要	源代码使用非常大的负数字母空间，试图将文本移到屏幕外。系统最大能支持的长度是-186em，任何比其大的空间都会导致系统崩溃
技术债务名	Phoebe#421：由于 API 不兼容，屏幕间距会导致意外的崩溃
受影响的组件	UIsetuplayer、transparency layer、UILogic
受影响代码	仅限于与输入文本有关的帧渲染程序
依赖组件	布局测试、外部 Web 组件
其他分析数据	10 天内收到 7 个客户的 40 份报告

通过问题分析，开发人员跟踪诸如代码库崩溃之类的症状（回想一下第 5 章中关于"增加市场份额"业务目标的问题）。例如，在这一特定问题的背景下，团队发现负数越界问题在三个组件中造成崩溃。团队在帧渲染程序和内部依赖组件中确定原因。团队成员通过对架构的思考，认识到这个错误被从外部注入到代码中的几个不同区域，因此，他们需要了解外部组件对代码的影响，以思考适当的补救方法。

这种细化指导开发人员组合代码、架构和产品的分析，我们在第 5、6 和 7 章中已讨论过。随着团队变得更加复杂，可以将各部分的开发环境连接起来，并补全分析中的每一环。我们的目标不是引发分析瘫痪，而是要意识到与应计利息相关的额外成本，并做出相应的改变，使系统做好生产准备。我们强调了健壮的集成配置管理和版本控制环境的好处。你可以使用这些工具来完善你的技术债务项，并在整个软件开发周期中对其进行管理。

计算补救成本

表 8.2 列出了 Phoebe 项目通过单元测试修复意外崩溃缺陷源代码债务的活动。修复质量问题的成本包括当前的本金和应计的利息。团队根据不确定因素和修复测试的难度来调整这些成本。考虑不确定性为团队成员提供了一种机制，他们可以表达对本地化更改的信心，因此可以确定考虑意外的连锁反应有多重要。

Phoebe 团队分析了这个问题，并决定编写一个包装器来解决这个问题。开发者完善了技术债务描述，以反映这一决定。

补救措施	我们可以避开造成崩溃附近的负数，或者我们可以深入挖掘，找出 -10000 这个数字是如何来的。代码更改很小，但分布在类中。这就是补丁造成的。基于 Brant 的提议，我们决定在外部 Web 组件周围编写一个包装器

表 8.2　补救成本

	消除技术债务	修改软件的其他部分
架构（设计与分析）	真正的成本是找到对外部 Web 组件和现有补丁的依赖性	在以后的版本中，我们可以删除补丁。这是微不足道的改动
代码	在外部 Web 组件周围编写一个包装器。我们估计这需要半天时间	需要清除一堆调试代码，例如 UIFrame 调用后的 GetLastError()。现在也应该返回 null。也许需要再花半天时间来清理
基础设施（测试）	为包装器编写新测试。这需要半天	运行以前的测试以确保修复和修补程序的删除解决了问题。这需要半天
问题传播的不确定性乘数	希望没有，因为我们能够在本地修复	

在表 8.1 中确定的构成债务的工件（架构、代码和基础设施）提供了补救成本的输入。

有了这些信息，补救的成本变得更加清晰，但是 Phoebe 团队需要通过更多的信息来权衡这个决定和消除经常性利息的好处。请记住，团队成员已经在本地站点修补了该软件好几次，然后发现这不是一个常规的 bug，而是技术债务。所以现在他们必须进行快速修补（经常性利息），并正确地修复软件之间的权衡关系（付清本金）。

计算经常性利息

下一步是计算减少经常性利息的收益。这需要理解未来变化的本质，并做出相应的权衡。表 8.3 显示了相关因素。你需要知道继续持有现有债务的前提条件，这样就可以权衡使用你的策略补救债务的后果（可能会或可能无法偿还全部本金）。表 8.1 和表 8.2 中确定的症状度量指标和工件提供了信息，使用这些信息可以评估与建议的补救措施相比，继续创建修补程序的后果。

表 8.3 对变更的权衡

	携带债务	偿还债务
未来变更成本	中：每个补丁花费半天	低
频率（根据利息累积调整）	高：许多站点使用此渲染程序，它们需要此补丁	高：许多站点使用这个渲染程序，它们期望平滑和安全的体验
不确定性（根据潜在传播问题进行调整）	高：如果没有返工，每一个新功能都是越来越混乱	低

为了对收益进行简单的计算，只需查看从不再承担债务中节省的成本。这里假设你完全还清了本金，并消除了债务，因此不会有经常性利息。你知道到目前为止债务的存活成本。你可以根据过去对债务的推断、预期系统更改的返工成本，或者软件状态与良好软件工程实践之间日益扩大的差距，来预测未来成本。

要对收益进行更细致的计算，需从债务承担成本中减去补救策略的经常性利息。如果你考虑部分修复，而不是完全消除经常性利息，则这种差异就变得更加重要。

比较成本与收益

确定补救措施的投资回报率包括比较补救措施的成本和减少的利益。Phoebe 团队改进了待办事项中技术债务的描述，将补救方法的投资回报率包括进来。

补救措施	补救投资回报率：高。补救成本的回报是几乎立即减少了开发人员修补和返工的工作量。考虑到在崩溃站点只是应用了几个本地补丁，所花费的时间很少。即使我们有三到四个甚至更多类似的问题并继续使用本地补丁（我们会这样做），架构修复还是会有回报的

基于对未来变化的可能性和影响的理解来比较管理技术债务的策略。

在这个例子中，我们解释了如何通过使用连续的分析步骤来细化技术债务描述以包含经济信息。实际上，这应该是整个开发过程中的一个迭代过程。当开发人员发现或承担债务时，应该填写发现债务的位置（参见表 8.1）。可以借助于工具来进行补充分析和架构评审。这种补充分析（我们在第 5、6 和 7 章中讨论了几种技术）应该针对需要进行实质性修改的问题进行。这个分析可以是待办事项的另一个任务，目的是提供进一步的细节。

关于补救，需要一个团队给出可能的解决方案，并评估替代方案和成本。有些债务项只需要简单修复，且修复成本是已知的，可以很容易地通过本地重构解决。其他债务项则涉及实质性的变更，需要设计和权衡，甚至可能需要几个专门的迭代。这些变化可能会解决多个技术债务项和其他问题，团队愿意投入时间和精力。最后，获取有关变更成本节约的信息需要了解业务上下文及团队技能。

原则 8： 无论对于本金还是利息，都没有绝对的技术债务度量标准。

抵押贷款是金融债务的一个例子，它从一开始就确定了本金和利息。技术债务不是这样，它与系统的当前状态相关，本金和利息与你将来更改系统的意图相关。大多数试图给技术债务的价值或成本赋予绝对意义的尝试都将失败，但它们确实给出了一些寻找债务的一般指示。

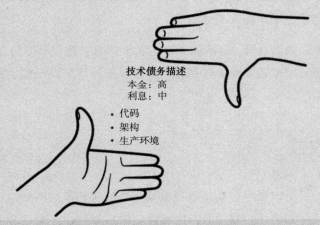

你的系统可能有潜在的技术债务，但只有当你不得不考虑它时，它才是实际的技术债务。你也可以不管你的技术债务，但不能这样对待你的抵押贷款！因此，基于潜在的演化情景，技术债务相对于时间点具有价值和成本。它的价值和成本随着系统的发展和对未来发展的期望的变化而变化。

在 Phoebe 的例子中，优先考虑待办事项导致团队目光比较短浅，甚至在多次修复同一问题之后仍无改善。客户报告的情况和漏洞的潜在影响变得如此之大，以至于团队别无选择，只能被迫采取基于设计分析的方法，而不是继续一次次地打补丁。工件展现的信息是经过整理的，团队成员可以在项目问题跟踪器中对这些问题展开公开的讨论和注释。明确关注技术债务项使我们明白，在某个时候，团队可能需要通过权衡分析来弥补债务。并非所有债务都有同等的影响。在例行的重构过程中，一些债务可以通过本地修改偿还。当偿还债务需要进行架构级别的更改时，团队不得不做出更多的分析。

可以使用一种分析方法对所有受影响的软件开发工件进行成本计算,并分析有无补救的相关不确定性,由此你应该能够识别目前修复成本高的技术债务项,或者低风险但修复回报高的技术债务项,然后将它们分配到你的发布版本中。然而,软件开发很少如此简单。

技术债务:不仅仅是肮脏的代码

Michael Keeling

软件发布 6 个月后,WIRE 团队遇到了麻烦。客户请求不断增加。4 个用户管理页面频繁出现问题。我们的速度减慢到龟速。似乎这还不够糟糕,很快我们的架构中的某些部分无法支持一些重要功能。在我们第一次发布的过程中,我们有目的地、偶然地接受了技术债务,以便可以更快地发布软件。现在我们感受到了债务带来的后果。团队现在面临的问题是"该怎么办?"

我们最初的行动纯粹是战术上的。我们需要有喘息的空间来缓解痛苦,并争取时间来制订一个更具战略性的还款计划。我们从关注系统中最大的痛点开始。修复了监控仪表板、日志记录和调试工具,以便更快地诊断问题。重新评估了删除多余页面的警报策略。修复了最具破坏性的错误。经过几个月的艰苦工作,疼痛减轻了,人们又能睡上一整晚觉了,士气开始从历史最低点缓慢上升。

情况看起来好多了,但我们仍然没有从根本上解决问题。团队的速度仍然很慢,我们的架构仍然不够完善,以至于我们没有清晰的路线图。随着时间的推移,我们脚下的商业格局也开始发生变化。当用户发现新的、有趣的方法并用这些方法来"调戏"系统时,我们自认为干净的、设计良好的组件开始瓦解。

如果需要继续给客户提供软件,我们需要一个战略计划,不仅要偿还我们的技术债务,而且在未来还要更好地管理它。为了创建这个计划,我们举办了一个简单的研讨会。软件工程师在研讨会开始时展示了架构中可能存在的技术债务。一天下午,我们对各种代码质量指标(如客户流失、概念设计完整性和缺陷数据)进行了检查,以便衡量系统中的潜在债务。大多数指标都来自 git 日志等现成的记录。随后,我们的产品经理分享了未来 3~6 个月的路线图。从最优先的路线图项目开始,我们一起确定需要触碰架构的哪些部分,以及需要付出多少努力才能交付每个路线图项目。

在研讨会结束时,我们有了一个技术债务偿还计划。令人惊讶的是,一些质量最差的代码在 6 个月或更长时间内不会被安排进行清理。事实证明，尽管这些组件的潜在技术债务很高，但在接下来的 3~6 个月内，这些组件几乎不需要任何改动。通过分析，我们还了解到，如果我们不立即偿还一些技术债务，就不可能在 6 个月后提供一些需要的重要功能。

也许研讨会的最大成果是，工程和产品管理部门在偿还技术债务方面有了共同的战略愿景。关于债务的话题转移了。不再抱怨糟糕的代码或为缓慢的速度找借口，团队现在讨论的是架构的定位，期望它能成功地引领我们前进。此外，关于技术债务的讨论也从痛苦治疗上升到了预防。我们的分析使"债务"的隐喻以一种每个人都能理解的方式具体化。我们在待办事项中添加了新的技术债务项，以防止意外地承担更多的技术债务。并且调整了流程，以便对可能引入技术债务的设计决策进行更有意义的讨论。

回顾这段经历，我认为 WIRE 团队之所以成功有几个重要原因。首先，我们依靠数据而不是直觉来发现潜在的债务，我们发现了简单、可靠的衡量代码质量的方法。其次，我们与产品管理者合作，让他们了解，我们的软件系统可能需要改变，而不是只需简单地修复最坏的代码。最后，团队的思维方式从认为技术债务总能避免转移到负责任地直面技术债务来帮助我们更快地行动。

集中管理技术债务项

在更大的 Tethys 系统中，团队成员经过两年才彻底分析了他们的技术债务。尽管他们遵循技术债务识别流程来过滤不重要的问题，但还是列出了大约 200 个技术债务项。很快情况变得势不可挡。他们估计的债务量远远超过了几个迭代的可用资源，甚至可能超过迄今为止开发该系统所花费的成本！

引进一大群供应商或暑期实习生来减少技术债务并不能解决问题。做大量零散的变更会带来新的缺陷和新的技术债务项。而架构层面的债务很难被打包成小规模的活动。这种架构级别的重构可能会让接下来的几周的开发工作停止。

开发团队显然需要别的标准来决定如何处理一长串技术债务项。一个幼稚的策略是，一个接一个地偿还，但是这样做不现实。通常情况下，团队不得不反复参照相关债务项来处理每个技术债务项，或许他们会考虑以重构系统的方式来偿还债务，并且思考随着时间的推移这样做所产生的影响。

然而问题将更为复杂。不能将技术债务与满足新需求、添加新功能和系统的其他演进隔离开来处理，也不能将技术债务与纠正系统中的缺陷分离开来，因为它们竞争相同的资源：开发人员。记住待办事项中的四类项目：特性、缺陷、架构和基础设施，以及技术债务项（参见第 4 章的相关内容）。

图 8.2 显示了产品的待办事项，包括特性、架构和基础设施、缺陷及技术债务 4 类事项。团队成员在整理待办事项时，会确定并完善最优先处理的问题，这些问题将成为下一个版本中任务的候选问题。

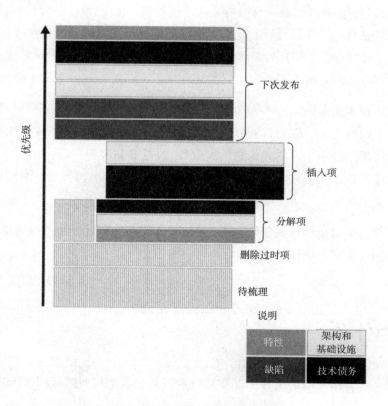

图 8.2 整理产品待办事项

由于所有隐藏的依赖关系，对待办事项进行优先级排序具有挑战性。有些特性基于技术债务元素。同理，功能可能基于某些架构元素。缺陷也是如此，它们的解决可能依赖于某些缺失的架构元素，或者可能与某些技术债务项相关联。

在整理待办事项时要包含技术债务项，还是将其推迟到后续序列迭代，请考虑以下问题：

- 与开发客户可见的功能相关的技术债务项有哪些？
- 哪些架构决策对技术债务有影响？
- 从哪些缺陷可以追溯到技术债务项带来的后果？
- 是否有技术债务项阻碍了进展？
- 是否有技术债务项需要进一步完善？

如果以上问题的答案显示技术债务项与待办事项中的其他问题有依赖关系，那么在由于其他原因使用此代码时，补救错漏应该具有更高的优先级。在设置优先级时，如何将待办问题集中在代码区域是另一个问题。例如，具有高缺陷率的代码或过去被大量修改过的代码（假设将来也会如此）可能有技术债务的症状，因此值得优先考虑。如果一个技术债务项不依赖于代办中的其他问题，则可能会产生成本，尽管在当下或在可预见的未来未必如此。

帮助我们识别技术债务的方法和帮助我们管理技术债务的方法之间有明显的区别。我们已经讨论了评估代码的工具。例如，SQALE 或 OMG 的自动化技术债务度量工具，基于修复所有这些问题所需的成本来评估减少的技术债务，并估算修复每一行代码的成本。这些技术可以帮助我们检测技术债务。但是，它们不能帮助我们在整个软件开发生命周期中管理技术债务。它们只是工具。

我们将在第 9 章中讨论偿还债务的问题，并解释如何在发布计划和交付周期中，使用有关债务成本计算的信息来解决技术债务。

今天能做点什么

现在重要的是计算所跟踪的工件中存在的技术债务的本金和利息。以下活动在现阶段可能有用：

- 完善技术债务描述，以便识别发生债务的软件工件和受债务影响的任何其他组件。这将帮助你计算成本。

- 对于已确定的技术债务项，不仅要估算支付它们的成本（以工作量计算：人/日或人/周），还要估算不支付它们的成本（会在多大程度上减缓当前的进度？）。在进行评估时，请包括与未来变更成本相关的总体不确定性。

- 如果不能提供一个具体的成本，请使用"T 恤尺寸"策略：XS、S、M、L、XL 等。

至少，需要定性地描述任何技术债务项对生产力或质量的影响。

扩展阅读

可以在事后非常准确地计量成本：只要让会计部门把所有的开发成本（直接的和间接的）都记录下来。对于成本估算，软件开发人员已经不再使用直接的货币价值。他们使用各种代替方法——即基于估点的方法。多年来，我们已经见到了 1970 年代的功能点（Albrecht 与 Gaffney，1983 年；ISO 20926:2009），20 世纪 80 年代的对象点（Boehm 等人，2000 年），20 世纪 90 年代的用例点（Alan 等人，2012 年），21 世纪初的故事点（Cohn，2006 年），以及进行辅助评估的相关方法和工具（Grenning，2002 年）。这些方法提供了校准"点"实际代表的具体方法，因此你可以在一个开发项目中，甚至在跨组织的多个开发项目中保持一致。当实际成本已知时，也可以在计划中使用每点成本或每点美元的计量方法。

包含代码质量问题发现规则的自动化工具通常提供默认值和具有相关成本的补救策略，你可以对这些值进行调整。它们通常是定性的值，例如高、中、低或给定类别中的前十个规则。更本地化的修复程序的成本以分钟或小时来计，计算方法为每个修复程序的常数函数、基于复杂性的递增函数或公共基础设施的基本函数加上每个修复程序的成本。

敏捷联盟技术债务计划（The Agile Alliance Technical Debt Initiative）已经为执行者、经理和开发人员制定了指导方针。而且，其提出了敏捷联盟债务分析模型（A2DAM），该模型给出了估算补救已知代码质量问题的成本的指导方法（Fayolle 等人，2018 年）。

第 9 章

偿还技术债务

开发组织经常被诸如"我们有太多的债务吗？""我们应该取消哪些技术债务项？"以及"因为技术债务，我们应该放弃哪个项目？"等问题困扰。在这一章中，我们将探讨偿还技术债务的途径：消除技术债务、减少技术债务和减轻技术债务。本章提供了一种方法，即可利用登记表中的技术债务描述和技术债务时间线来决定应该首先偿还哪些技术债务项，可以推迟偿还哪些技术债务项。

权衡成本与收益

在这个阶段，你已经有了一个技术债务项的登记表。当你考虑是否要承担或支付包含经常性利息和补救成本的债务时，就会知道它们会对你的软件项目的未来产生什么影响。

你应该怎么处理你的债务？你可能会忍不住回答："偿还所有的技术债务，一项一项地偿还，越快越好，以免产生利息。"这可能适用于你不断增加的信用卡债务。然而，在管理你的整体财务健康状况时，还有其他的选择可以考虑。虽然消除最严重的信用卡债务是理所当然的，但你会以不同的方式来管理汽车贷款或住房抵押贷款。你可能更想保证现金流，想继续支付每月固定的汽车费用。或者你可能正在优化你的整体金融投资组合。在抵押贷款的早期阶段，由于大部分的还款都是利息，所以你想支付更多的本金。在抵押贷款的后期，你可能会把多余的资金转到其他投资上，因为大部分的还款都是本金，所以降低利息的动力也就没有了。你的目标和环境会影响你的决定。

在软件开发中，你有这些甚至更多的选择来管理你的技术财富并使其得到增长。与金融债务不同的是，你可能不需要偿还任何技术债务，或者可能需要偿还一部分，而不是全部。你可以自己选择。

在决定做什么时，需要考虑减少债务的业务需求，包括成本和相应的收益（见表 9.1）。你应该评估减少风险和经常性利息的好处。还应该评估延迟交付新功能的机会成本，因为你要对债务进行补救，以及支付当前本金和利息的成本。而且，考虑业务需求时也应该将债务这些因素考虑进去。这样做的好处是，随着早期功能的交付，可以节省成本。成本变成了经常性利息和增加的负债。

表 9.1　偿还技术债务的成本和收益

成　　本	收　　益
流动本金和应计利息	减少的经常性利息
延迟交付功能的机会成本	降低风险

了解持有和纠正债务的成本和收益，你就会了解自己处于技术债务时间线中的什么位置（见第 2 章）。"你是否已经越过了临界点，以至于利息成本已经超过了举债的好处？"有了这个问题的答案，你可以检查登记表中的技术债务项，并决定应该纠正哪些技术债务项，以及可以继续维持哪些技术债务项。对登记表中技术债务项的补救成本和收益进行权衡，你就能够分析并确定补救债务行动的优先级（参见图 9.1）。

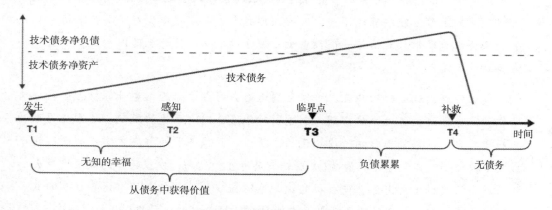

图 9.1　达到补救点

风险敞口和机会成本

Eltjo R. Poort

一个现实的技术债务削减商业案例是一个重要的工具，它可以将与技术债务相关的风险和补救成本放在业务利益相关者的雷达上，从而让利益相关者可以为此做些什么。除了经常性的维护和补救成本，还应关注不太明显的项目，如与特定债务项相关的风险敞口和机会成本。

风险和机会成本通常比经常性维护和直接补救成本的影响更大。可能导致严重安全风险的技术债务项通常会很快得到补救，即使补救的成本超过了减少的维护费用。想想那些过时的操作系统，它们有已知和未知的漏洞，而且已经不再修补了：迁移到一个新的操作系统可能会很昂贵，但是你承受不起安全漏洞带来的风险。相反，对于一个第一眼看上去很有经济意义的项目，你可能仍然需要等待，因为需要有充足的开发能力，你才能抓住机会，从而创建一些新功能去击败竞争对手。

风险敞口

计算不确定失败总预期成本的正确方法是众所周知的风险敞口公式：$E(S) = p(S) \times C(S)$，其中 $p(S)$ 为失败场景 S 发生的概率，$C(S)$ 为 S 发生的成本。通过对由于技术债务而导致的所有可能的失败场景的风险敞口 E 进行汇总，你就可以从统计上尽可能准确地预测失败的预期成本。在实践中，对于与技术债务相关的风险敞口通常只能估计一个数量级，但这种水平的估计已足以构成一个需要考虑的业务因素。

我曾经遇到过这样的情况：一家大型运输公司在古老的微型计算机上运行一些核心业务系统。备件很难得到，制造商对维修合同有严格的规定。这家公司很难提出将系统迁移到现代的、虚拟化的、基于刀片服务器的解决方案：旧平台的成本如此之低，以至于迁移的 ROI 看起来是负数。然而，发生故障的风险是巨大的：一个丢失的备件可能会使公司的核心系统瘫痪几天。包含技术债务利息的风险敞口会导致完全不同的业务情况。在这种情况下，它把公司推到了临界点。

机会成本

《新牛津美语词典》将机会成本定义为"当选择了一种选择时，从其他选择中失去的潜在收益"。

当开发团队花费资源和时间来减少技术债务（升级、重构、修复）时，在此期间完成的用户故事更少。机会成本，作为一种解释团队资源不足的方法，代表了那些用户故事将产生的业务价值。

在技术债务讨论中很少听到字面意义上的机会成本，但它通常是决定何时减少债务的一个主要因素。当一个涉众（例如，一个产品经理）说了类似这样的话，"是的，我们应该对这个债务做点什么，但是我们现在不能做。"她可能指的是终端用户正在等待的业务特性，或者在某个最后期限之前承诺的业务特性。换句话说，减少技术债务的机会成本（从按时交付业务特性的替代方案中获得的潜在收益）高于在此期间产生的技术债务利息。

下图通过比较两个场景来说明机会成本：在场景1中，技术债务没有得到偿还。在场景2中，债务在版本1.2中得到偿还。与场景1的持续增长相比，图中顶部的直线在场景2中略有下降（虚线）。从图中可以看出，在场景1中，版本1.2引入了5个新的用户场景。而在场景2中，只有开发一个用户场景的时间，因为团队已经将剩余的资源用于减少技术债务。虚线与实线之间的差距代表了减少技术债务的机会成本（为什么即使团队已经添加了用户故事，可在版本1.2中虚线仍然会下降？那是因为我使用了实用的经验法则，现有的业务特性最终会受到不断增长的期望和最终用户需求的影响而有所衰减）。

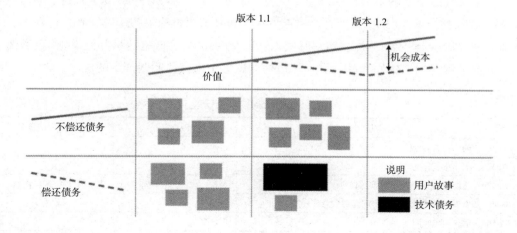

　　作为练习，参加敏捷架构课程的架构师向我展示了一个减少架构技术债务的机会成本的好例子。在他们的组织中，一个团队已经开发业务流程自动化特性 4 年了。该组织一直在跟踪由于自动化工作而节省的劳动力成本，平均每年节省 9 个 FTE（相当于全职职位）。他们将对该软件所运行的平台进行一次重大检修，因为它不符合欧盟委员会（European Commission）的新规定（最引人注目的是欧盟一般数据保护条例，European General Data Protection Regulation）。在大修期间，团队无法开发新的功能，这意味着机会成本相当于每年 9 个 FTE，或每个月 0.75 个 FTE 专门用于大修。这是一个重大的机会成本，但最终，它被确定为总收益，包括违规的风险显著降低和维护成本降低的收益，这些超过了总成本（机会成本加上大修本身的成本）。

　　底线是，如果偿还一笔技术债务需要拟定一个完整的商业方案，则不仅要考虑更明显的本金和利息，还要考虑风险和机会成本。这有助于对运行风险和延迟交付特性的影响进行理性的讨论，从而让你可以在业务上下文中做出决策。

我们使用 Phoebe 项目来演示如何细化技术债务登记表中影响业务目标的问题（表 9.2）。回想一下，Phoebe 团队的源代码分析出现了超过 10000 次的违规。团队确定了两个主要的技术债务项：Phoebe #346："删除重复的代码"和 Phoebe #345："删除空的 Java 包"。对架构进行检查，弥补了只是进行代码分析的不足，结果发现了设计中的一个主要风险：Phoebe #420："在适配器/网关分离中供应商锁定的架构选择"。通过分析报告中导致崩溃的缺陷的症状，以及设计上引起缺陷的根本原因，产生了另一个技术债务：Phoebe #421："屏幕空间造成 API 不兼容的意外崩溃"。最后，检查与构建和测试相关的生产基础设施，得到了以下技术债务项：Phoebe#500："优化构建时间"、Phoebe# 501："改善测试基础设施"。第 8 章讨论了如何理解架构、代码和基础设施（包括测试）中由这些问题产生的成本。

表 9.2　Phoebe 技术债务表

技术债务	涉及部分	补救投资回报率
Phoebe#345：删除空 Java 包	代码	低
Phoebe#346：删除重复代码	代码	中
Phoebe#420：适配器/网关分离中的架构锁定	架构	中
Phoebe#421：由于 API 不兼容，屏幕间距导致意外崩溃	架构	高
Phoebe#500：优化构建时间	生产环境	中
Phoebe#501：改善测试基础设施	生产环境	低

　　但是，在整理待办问题，设置优先级，权衡成本和收益，在新特性开发、必要设计任务、需要处理的常规缺陷和技术债务项之间规划资源安排这些方面，仍有更多的工作要做。

偿还技术债务的途径

　　前面我们讨论了在考虑固定支出预算的情况下，技术债务偿还会如何影响你的收益。但是，当你为一个项目建立一个路线图并定义未来版本的内容时，情况会变得更加复杂。当决定在即将到来的迭代中做什么时，需要考虑待办事项列表中所有待办事项及其依赖关系，包括技术债务项。

　　如果你希望通过添加一个新特性或服务，让一个系统朝着某个方向发展，则需要分析系统的哪些部分会受到这种发展的影响。如果系统的这些部分包含技术债务项，那么需要分析这些项会对系统发展方向带来什么影响。它们会阻止或减缓计划的推进吗？如果是，那么这些债务项可能需要偿还。

　　任何偿还技术债务的计划都会对系统可能的演进造成影响，这反过来又可能影响偿还一些债务或演进系统的决定。你的选择很可能取决于你在行动之前必须偿还多少技术债务。对于任何更改都是如此，无论是添加新功能、解决问题、架构投资，还是考虑偿还另一个技术债务项。

　　下面给出了一个方法，可使用该方法制订一个计划来管理你的技术债务，同时维护和演进你的系统：

1. 确定系统中哪些部分将受到更改的影响。

2. 确定技术债务项是否与系统的这些部分相关联。

3. 确定技术债务对这一变化及其他变化的影响。

4. 估计偿还债务的成本，并将其加到更改的成本中。

5. 估计偿还债务的好处，包括给别的潜在变更带来的好处。（这可能很难做到！）

　　该方法基于对系统中哪部分有更多的技术债务，以及对系统维护和演进的权衡的良好把握。此外，当技术债务显示设计存在问题时，这种方法是最实用的。

纠正数百个小的代码级别的"异味"和其他代码质量问题，可能涉及分配固定比例的资源来偿还技术债务。这类似于在 sprint 中添加时间缓冲来修复缺陷。固定的百分比给了团队处理代码质量问题的自由裁量权，同时利于控制开销。在极端情况下，你可能会分配一两个 sprint 来偿还技术债务。

经验丰富的团队在讨论设计选项、待办事项梳理和技术变更时，会考虑演进的各个方面。对技术债务项进行明确的讨论能够提高团队对结果的理解，并帮助成员根据修复相关技术债务项所获得的收益做出决策。

有以下一些决策点：

- 确定债务是潜在的还是实际的。
- 在迭代开发新特性时决定是否修复。
- 决定是否应该通过彻底纠正债务来降低风险。
- 通过勾销债务宣告胜利。
- 宣布破产。

当你的系统到达技术债务时间线的不同点时，需要重新审视你所选择的路径是否可以继续有效地偿还你的技术债务。下面我们来仔细地研究一下这些决策点。

债务是潜在的还是实际的

如果你一直认为固定利率抵押贷款是金融债务的一个典型例子，那么这就是用这个例子来比喻技术债务站不住脚的地方。你的抵押从一开始就规定了本金和利息，它被写在了你在银行签署的文件中。技术债务从一开始就没有确定本金和利息，它与系统的当前状态有关，而当前的本金和利息与你期望未来如何变化有关。你可能有潜在的技术债务，但是只有在必须演进你的系统时，它才会是实际的技术债务。你也可以通过抛弃你的系统来摆脱你的技术债务。

你可以采取的任何方法的第一步都是确定债务是潜在的还是实际的。如果系统的某些部分存在技术债务，但系统不需要进行演进，且债务也不会产生意外的业务影响，那么可以暂时忽略它。换句话说，（长长的）技术债务项清单只代表潜在债务。任何时候的实际债务取决于未来系统的演进。你越能肯定未来的发展和改变，就越能确定实际的债务和偿还策略。

原则 9：技术债务依赖于系统未来的演进。

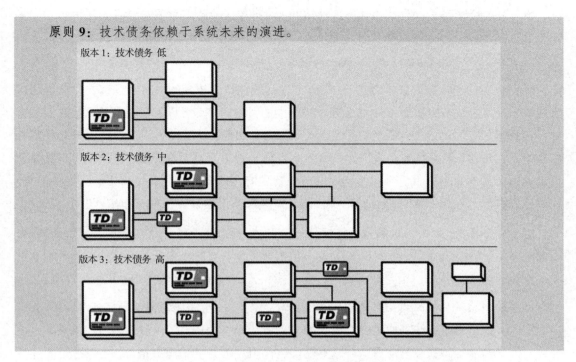

债务投资是一项战略性投资，投资的价值及其补救成本取决于今后对金融体系做出什么样的改变。正是由于这一原则，技术债务的评估和管理不是一次性的活动。它是战略性的软件管理方法，你应该将其并入开发和维护所有依赖于软件的系统所进行的活动。

你应该处理债务、功能交付，还是两者都做

技术债务是系统在某个时间点的状态属性。虽然你可能已经确定了技术债务项，但是在你展望未来并考虑技术债务项之间的依赖关系，以及未来特性及特性之间的依赖关系之前，不能将任何有意义的成本度量与它们联系起来。

Atlas 团队在这方面有一些经验：

  Atlas 项目通过成功的产品发布达到了他们的上市时间目标。通过添加一个特定新特性来演进系统的需求在不断增长。在设计该特性时显示出了系统中对技术债务的一些依赖。

特性的价值是相同的，不管它是如何实现的。但是，根据团队是否消除或减轻了技术债

务，项目可能会产生不同的成本。在这种情况下，该系统有一些潜在的债务，但由于它受到未来演进的影响，因此现在有了实际的债务。如第 8 章所述，团队成员可以确定偿还债务的成本或者承担每个技术债务项的成本。减少业务风险的成本应包括机会成本和风险负债。

还要权衡偿还债务的成本效益。修复成本包括偿还技术债务的成本和延迟交付功能的机会成本。收益包括减少的经常性利息成本和减少的风险负债。可以通过比较这些成本，查看项目在技术债务时间线上的位置，并做出关于偿还的决定。该项目是否仍然从债务和经常性利息中获得价值，风险负债是否仍然较低？或者你是否已经过了临界点，超过临界点就要背负技术债务了？如果修复成本对于既定利益是合理的，那么继续修复是明智的。如果不是，比如债务可能已经到了无可补救的地步，则应该考虑其他途径，比如宣布破产。

对于一个系统，一次只实现一个特性是很少见的。一个特性可能依赖于多个技术债务项，因此，将多个特性组合在一起可能涉及多个技术债务项。当具有多个不同价值的特性时，可以在发布时间线上将它们组合在不同的"包"中，并在给定成本下随时间最大化价值。

如果能使系统的未来发展变得更容易、成本更低，那么重构系统中技术含量高的部分会产生一些无形的内部价值。这需要对系统的未来有前瞻性的预测。在规划项目的未来时，业务的经济推理还应该包括技术债务，而不仅仅包含用户可见的功能价值。必须考虑偿还或不偿还债务的收益和成本，这会影响系统未来的发展。

是时候减轻风险了吗

如果你的系统已经部署上线了，那么你的待办事项很可能包含必须紧急修复的缺陷。它们有负面价值，因为它们降低了系统的可用性，让客户不高兴，而现在的客户或用户可以通过社交媒体广泛表达他们的不高兴，这可能会影响未来的销售。因此，业务人员希望在即将发布的版本中修复一些缺陷，他们甚至准备好了在某些特性上做一些妥协，这可能会损害架构，开发人员知道确实需要这些特性，但业务人员可能看不到它们有多大价值。Atlas 项目就有这个问题：

> Atlas 项目的生产正在放缓，团队成员在修复缺陷上花费的时间越来越多，而且新的特性不得已被牺牲。修复缺陷的时间也在增加。

随着时间的推移，风险负债可能成为减少债务的最重要因素。你可能认为修复缺陷、为架构投资或处理技术债务项对于降低风险来说具有更高的优先级，而不是实现待办事项列表中的新特性。该待办事项列表可能基于对系统的某些部分的重构，进行这些重构是为了消除引起技术债务的其他因素。

这又受到偿还债务的成本效益的影响。总成本包括完成待办事项的成本、偿还技术债务的成本和延迟交付功能的机会成本。这为消除技术债务的经常性利息成本、降低风险负债提供了方法，而且也降低了复杂性不断增加的系统失败的概率，并能缩小失败影响的范围。

是时候勾销债务了吗

在"特赦"债务的情况下，你勾销了应计技术债务，不必再偿还它。触发这样一个决定的背景包括：开发一个一次性的原型，或者一个特性或产品被断定是失败的，或者该特性或产品由于各种原因不再需要，例如缺乏价值或客户不感兴趣。勾销的技术债务项会继续出现在登记表中，但它不再重要，因为不再有任何经常性利息，因此对降低成本没有帮助。

是时候宣布破产了吗

当包含技术债务项的软件系统部分不再能够支持未来的开发，并且需要完全重写时，就可以宣布破产。在某些极端情况下，整个系统可能到了一个极点，重写是唯一的选择。当重写系统的成本低于维护系统的成本（即，经常性利息的总和）时，宣布破产是合理的。

在重构软件并摆脱破产之后，可能会通过必须的检查和测试来更密切地监控一个项目的技术债务，如果检查或测试通不过，则会中断构建。

发布流水线

可以单独使用偿还技术债务的不同方法，也可以组合使用，来对产品待办事项进行优先级排序，并将待办事项合理分配到迭代或发布中。图 9.2 显示了后面三个版本的计划示例。每个版本都包含产品的待办事项，这些事项是客户期待的特性、架构变更、缺陷修复和技术债务偿还等。作为长期发布计划的一部分，第一个或第二个版本会有更多的细节，而以后的版本中细节少一些。这些细节显示每个版本包含哪些特性、做了哪些改进、修复了哪些缺陷和偿还了哪些技术债务。箭头指示了版本内部和版本之间的依赖关系。在许多情况下，必须先开发架构，然后再添加特性，并补救依赖它的技术债务。

当你使用一定的机制来偿还技术债务时，可以预想一些情况，从而调整技术债务的补救时间线：

- 假设我们想摆脱债务，那么现在还清所有债务的成本是多少？或者，当我们想办法偿还债务时，不让债务增加的代价是什么？

- 假设我们推迟偿还，债务的存活成本是多少？以后每次的还款额将如何增加？

- 假设我们现在需要保持现金流，但我们也希望在发展阶段结束时实现债务自由，那会怎样？考虑到该产品将在 3 年内进入持续维护阶段，那么我们如何安排付款，以便在那时免除债务，并可以将资源转移到新产品开发上，而不是支持不必要的维护？

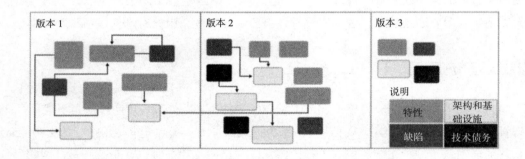

图 9.2　发布计划

虽然提出各种假设情况并比较它们的影响会为我们提供更多的选择信息，但是我们可能仍然只能利用有限资源来选择偿还少数几个债务。那如何选择？系统之间的差异很大，不同的质量属性（安全性、容错性、可用性、性能、可演化性）在不同上下文中的重要性是不同的。在进行重大的结构性调整时尤其如此。这个思路也适用于处理一些分散的代码缺陷。

回到 Phoebe 项目，团队为登记表中的技术债务项选择了不同的支付策略，优先修复了用户屏幕功能缺陷，该缺陷会导致崩溃事件，并影响安全性。

团队成员开发了一个补丁，用以解决他们最关心的问题，然后在下一个版本中修复了这个设计，完全偿还了债务。重复代码的问题与适配器有关，并且与适配器/网关分离中供应商锁定的架构选择有关，所以这些问题一起被处理了。

为了减少这一主要风险，团队成员更好地定义了适配器和网关的职责，并重构了代码，从而更合理地分离这两个组件。其他需要还有提供新的代码以符合新的设计,同时增量地更新现有的重复代码。改进构建时间是下一个要解决的问题。

部分偿还债务在不牺牲性能的情况下提高了可维护性。删除空的 Java 包是一种开发者可以自主决定如何处置债务的修复,团队将此问题作为在处理缺陷和技术债务的同时顺便解决掉的债务。遗留测试框架中的技术债务带来的后果正在减弱,因为框架使用得越来越少,所以团队不急于解决这个问题。

将技术债务作为投资的商业案例

我们现在了解了技术债务给软件工作带来的影响。然而,如果管理得当,技术债务可能是一种明智的投资。这符合一个基本的金融逻辑,即从银行获得抵押或无抵押贷款来启动一个新的项目,可能是一个使资产增值的明智的方式。如果管理得当,选择承担技术债务可以成为富有成效的战略投资,这也是调查市场和学习新技术的机会,前提是要对债务进行监控,避免应计利息。

下面我们举例说明,一个项目团队在进行明智的软件投资的过程中可以采取的路径组合,这次使用的是实际的美元和 Atlas 项目。在决定是选择另一个特性、降低风险、偿还债务还是宣布破产时,我们对 Atlas 团队的选择进行了对比,我们使用净现值(NPV)的财务概念来评估选择不同路径的意义。NPV 用于比较今天的投资(估计的)与未来的回报,也就是说,未来可能的价值。我们使用实际选项来建模。这些选项包括企业追求、推迟还是放弃资本投资。

Atlas 团队想开发一款名为 alphaPlus 的新软件产品并投放市场。最初的计划是投资 200 万美元开发 alphaPlus 并发布版本 1。市场分析显示,alphaPlus 的需求是合理的,但在这样一个充满活力的世界里,成功是没有保证的。业务分析师估计,该产品有 50% 的成功机会,根据市场喜欢它的程度,预计它会为公司带来 400 万美元的收入。还有 50% 的可能是平庸的结果:市场讨厌它,而回报只有 100 万美元。如图 9.3 所示,投资的 NPV 为 50 万美元。总体而言,这仍然是乐观的估计,因此 alphaPlus 项目值得启动。

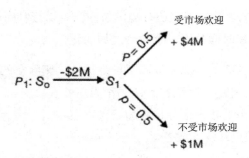

$$NPV(P_1) = -\$2M + 0.5 \times \$4M + 0.5 \times \$1M = \$0.5M$$

图 9.3   alphaPlus 的 NPV

但是，如果 Atlas 承担了巨额的技术债务，较早地将一个比较简单的原型推向市场，并使用它来"测试"市场呢？然后 Atlas 只投资 100 万美元，并承担 100 万美元的技术债务（主要是架构方面的。在有限的可伸缩性方面，只支持一个地点并且内部有一些丑陋的代码）。

如果市场喜欢这个产品，也只有这样，Atlas 才会投资另外 100 万美元来完成 alphaPlus 项目。如果市场不喜欢它，Atlas 不会追加对 alphaPlus 的投资，只会抛弃它。正如你在图 9.4 中看到的，NPV 现在更好了：100 万美元。因此，承担技术债务是一项更有价值的投资！

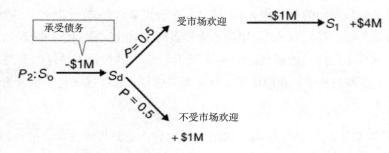

$$NPV(P_2) = -\$1M + 0.5 \times \$3M + 0.5 \times \$1M = \$1M$$

图 9.4   算上技术债务的 NPV

如图 9.5 所示，成功率从业务分析师估计的 50% 提高到 67%，NPV 仍然是 100 万美元。如果产品不成功，Atlas 将不会再投资一美元。这家公司将宣布破产并退出。

即使 Atlas 产品成功，公司也没有义务偿还技术债务并重构系统，获得一个干净的版本

2。团队成员仍然可以选择忍受债务并累积更多的特性。他们可以在未来的每个决策点上，基于他们当时所知道的知识，一次又一次地进行相同的推理（参见图 9.6）。

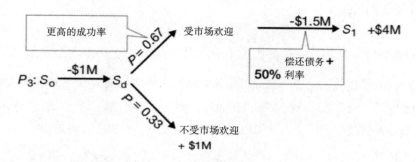

$$NPV(P_3) = -\$1M + 0.67 \times \$2.5M + 0.33 \times \$1M = \$1M$$

图 9.5　偿还了技术债务的 NPV

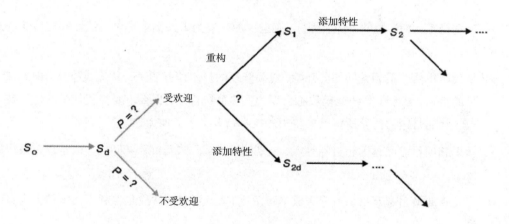

图 9.6　实际选项：添加特性或重构

这种战略可行吗？不太可行。它可能看起来不错，并可能为决策提供一些基本依据。然而，这需要许多关于未来事件的概率数字，而大多数软件开发组织对此一无所知，因此他们不得不胡乱猜测。这种方法在理论上可行，但在实践中还不可行。然而，当你承担并计划偿还债务时，构建一个简单决策树的思想过程和行为可以帮助你发现技术债务时间线上的关键决策点。它还清楚地表明，技术债务可以是一种资产——这是一件好事。

今天能做点什么

在迭代和发布计划期间，在你的决策中引入以下基本的经验法则是很重要的：

- 分配时间来偿还技术债务，确保可持续的团队速度。从分配 15%的迭代预算开始。但我们要知道，没有放之四海而皆准的策略。例如，你可能需要分配整个 sprint 来减少技术债务。在其他的情况下，你可以忍受更多的债务。监督自己的进步，从经验中学习。

- 根据具体情况制订付款计划，因为偿还所有债务（除非是非常小的项目）是不可行的，也不是对资源的最佳利用。

- 通过指定如何支持对新特性或缺陷解决方案的高价值变更请求，来显示减少技术债务相关任务的价值。

- 当选择重构时，如果经济上可行，则选择那些能为未来提供更多灵活性并支持演进的项目进行重构。

- 从代码中修改最频繁的部分开始，对要修复的技术债务项进行优先级排序。如果在可预见的将来，某个子系统或模块不会因为变更而被修改，那么不要修复其中的任何技术债务，除非是因为修复所依赖模块中的技术债务不得已而为之。

- 认识到项目已经远远超过临界点，未来的维护或发展已经不再可行。这是宣布破产的时候了。

- 当实现业务目标有价值且服务成本可预测时，不要害怕从战略上利用技术债务为自己牟利。

扩展阅读

Klaus Schmid 首先阐述了潜在债务和实际债务之间的区别（2013 年），然后正式用数学术语描述它（2013 年）。Eltjo Poort（2014 年，2016 年）较好地阐述了技术债务削减和架构在风险管理中的作用，并给出了业务案例。Eric Ries（2011 年）和 Edith Tom 及其同事（2012

年）定义了破产和特赦。Highsmith（2010 年）指出，技术债务的财务影响，表现为变化成本的增加。

理解软件的价值，尤其是软件设计的价值，并不是件小事。Baldwin 和 Clark（2000 年）描述了模块化设计在增加灵活性方面的价值。Kruchten（2011 年）在他的博客中讨论了软件架构的价值。

是否偿还技术债务要看是否能做出可靠的软件和业务。如果你需要一本介绍关于软件的金融概念的入门书，请参阅 Reifer 的 *Making the Software Business Case*（2001 年），该书介绍了这些概念。

第 4 部分

从战略和战术上管理技术债务

第 10 章

技术债务的成因是什么

了解技术债务的成因是成功控制技术债务的关键。在这一章中，我们将研究在许多团队和组织中常见的技术债务的成因。这些成因与业务、环境变化、开发过程、人员和团队有关。本章旨在让开发团队能够清楚地沟通技术债务，并选择正确的分析技术来分析正在累积利息的具体技术债务项，以进一步采取行动。

技术债务成因识别的困惑

当软件专业人士讨论让他们感到痛苦的事情时，技术债务以及造成它们的原因首当其冲。找出造成技术债务的原因可能是一项艰巨的任务。特别是在长寿命的系统中，技术债务以多种方式累积。对于软件开发人员和管理人员来说，快速推测可以导致技术债务项的因素和组织环境，成了一项令人沮丧和无意义的工作。

对于许多软件专业人士来说，谈论他们巨大的技术债务负担几乎就是一场治疗会议。我们曾经身临其境，所以能够感同身受！我们经常会听到从业者的以下抱怨：

- "我们欠了技术债，因为我们的经理没有授权我们将系统迁移到云上！"
- "我们欠了技术债，因为客户不断改变主意！"
- "我们欠了技术债，因为我们不知道如何雇用优秀的开发人员！"
- "我们有技术债务，因为我们急于发布，跳过了合理的单元和自动化测试！"
- "我们有技术债务，因为我们不知道会这么快扩大规模！"

我们知道把这些问题从系统中揪出来会感觉很好，但是随着你不断地谈论它，债务不断累积。谈论谁失败并不能解决问题。解决技术债务的一个重要步骤是了解导致债务的软件开发的现实性和复杂性。虽然了解原因并不能让我们直接找到发生实际债务的确切位置，但是这提供了你所处环境的地图，通过该地图你可以决定从何处开始细致地查看。更重要的是，它会帮助你避免未来发生的事情。回顾我们已经介绍过的两个原则：

> **原则 3**：所有系统都有技术债务。
>
> **原则 4**：对于系统来说，必须跟踪技术债务。

管理技术债务不是一次性活动，它是伴随软件开发生命周期的一个不可分割的部分。在本章中，我们先讨论潜在的投机性原因，然后讨论确切的原因，以及使得系统引入更多技术债务的可能性。图 10.1 所示的时间线，显示了技术债务发生的时间。软件开发人员经常将导致技术债务累积的原因与有债务且应该修复的系统工件相混淆。我们既需要了解原因，又需要了解系统工件，有时一起了解，有时分开了解。我们在第 5、6 和 7 章中讨论了如何处理代码、架构和生产基础设施的最基本的开发工件。

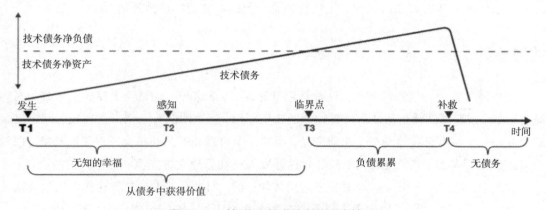

图 10.1　时间线上技术债务的发生情况

对技术债务的成因有一个很好的了解，有助于我们研究它对系统的影响，并确定系统中需要更改的区域。对原因做出适当描述可以使团队清楚要采取的具体行动，包括消除原因、决定如何分析和处理债务，以及对组织及流程进行更广泛的更改。管理技术债务的目标是减少能够引起技术债务的非预期原因，并创造一个技术债务发生的环境，在这种环境中，技术债务主要是基于一种商业需要而蓄意发生的。

产生技术债务的根本原因

在大多数关于技术债务的恐怖故事中，债务是由一系列原因造成的，这些原因导致了一些大问题。遗憾的是，我们见到的有意识地承担债务的例子还是太少，我们知道这种债务的所有构成，并且有偿还债务的策略，这种债务最典型的出现场景就是买房。

非故意债务

软件开发团队常常困惑于非故意债务产生的原因。这些原因有无能和鲁莽的开发行为，由于缺乏纪律和计划而导致的小的不经意的行为，以及模棱两可的选择等。大多数代码和设计质量的相关问题都源于非故意的债务。软件开发人员和管理人员不会故意引入这种技术债务，它是偶然引入的。症状出现在软件开发生命周期的后期，因此很难找到产生的原因。团队不知道债务是何时或如何有的，更糟糕的是，他们不知道如何摆脱债务。

故意债务

故意债务是由一项资源和价值优化活动导致的，通常这些活动是为了完成上市时间目标而进行的。开发团队清楚地知道故意债务的产生原因。这个团队有一个需要在短时间内满足的商业目标，如为新客户发布一个新产品，添加一个可以让产品超越竞争对手的功能，以及为潜在的投资者演示等。故意债务涉及软件开发人员和管理人员谨慎和深思熟虑的决策。在某种程度上，他们决定引入技术债务来达到某种目的。如果开发人员打算在接下来的几次发布中纠正技术债务，那这种有意的债务可能是短期的债务，否则可能成为长期的债务。

1992 年，当 Ward Cunningham 第一次使用债务隐喻时，他指出了故意性。他举了第一次将系统发布给客户的例子：

> 第一次发布代码就像欠债一样。欠一点债可以加速发展，只要及时地通过重写来偿还。当债务没有偿还的时候，危险就会发生。花在不太正确的代码上的每一分钟都算作债务的利息。

什么导致技术债务

任何成功的技术债务管理战略的一个关键点就是认识到，某个原因促成了系统中技术债务的发生，而原因不是技术债务本身。要战略性地管理技术债务，首先必须了解是什么导致了技术债务的累积。

我们将产生技术债务的原因分为 4 个主要方面（见图 10.2）：

- 业务性质
- 上下文变化
- 开发流程
- 人员和团队

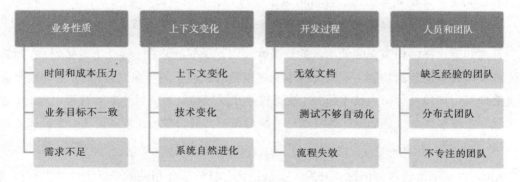

图 10.2　产生技术债务的主要原因

这些都是已经确定的原因，尽管各个项目之间存在很大的差异，而且技术债务项在各个类别之间的分布也不均匀。我们并没有提供一份详尽的清单，尽管我们非常有信心这里已经包括了大量的相同原因。当团队讨论原因时，常常预示着，即使只是一般情况，实际的技术债务项或症状也是如此。后面在展示 Atlas、Phoebe 和 Tethys 的示例时，将重点介绍原因、症状和潜在的技术债务项。这些组织最初面临的挑战并不总是去理解技术债务项是由这些原因造成的。当你开始实施技术债务管理实践时，你可能会遇到类似的讨论。

业务原因

业务目标、需求、资源、组织愿意承担的风险以及其他业务压力都会影响产品。业务问题会导致技术问题，从而导致技术债务。

时间和成本压力

开发团队经常因为资源压力而陷入技术债务，这通常涉及软件开发项目的时间和开发人员成本。Atlas 的一位高级开发人员将其项目的时间和进度压力描述为客户驱动的业务压力：

> 我们的客户和业务领导者只关心是否能快速地为用户添加新功能（原因）。客户几乎不考虑用户将来需要什么功能，也不考虑系统的愿景。客户的观点是短视的，完全聚焦于战术上的、即时的需求。因此，我们不是花时间为公共功能构建服务层，而是不断在整个系统中添加这些服务（潜在的技术债务）。

谁都知道这样的约束会降低团队的积极性和消耗他们的斗志。将成功定义为，在预算和进度范围内提供所需的功能（范围、成本和进度是有关质量的经典三角形），会导致个人开发决策危及内部质量并引入技术债务。敏捷软件开发运动是为应对这个问题而出现的，它在一定程度上克服了这个问题。它的特点是早期与客户沟通，并且经常就价值、质量和约束进行沟通。

Atlas 也试图管理这种情况。开发人员认识到与技术债务相关的开发工件并没有构成时间和成本压力。当开发人员赶在最后期限前完成任务时，他们决定不将公共功能提取到服务层。因此整个系统是脆弱的，导致相同功能在多个地方重复出现。

业务目标不一致

你的产品是否能为企业解决问题？Phoebe 项目的一位技术负责人分享了下面这个技术债务的例子，提到了为支持可移植性而改变技术堆栈的迫切需要：

> 糟糕的业务知识（原因）导致糟糕的系统设计（潜在的技术债务），从而导致

糟糕的用户体验（症状），进而导致大量的返工（症状）。而且，最重要的是，导致了重新获得用户满意度和系统接受度的需要——这里的系统接受度指的是用户愿意使用系统的接受度，而不是买家的接受度。

这是一个明显的"垃圾进，垃圾出"的例子，当公司的业务方不了解系统开发的技术基础或业务环境时，系统中产生的问题就不能简单地通过标记技术债务来解决。

当缺乏明确的业务目标使得系统的设计和实现功能与市场预期不符时，必然会产生技术债务。Phoebe 的例子表明，必须先了解业务优先级，然后再捋清系统的设计。

需求不足

不明确详细的需求，不实现预期的功能，不理解架构上的重要需求，例如横切系统的安全性、性能和可用性，都会导致技术债务。来自全球巨头 Tethys 的质量保证经理不得不亲自处理这件事：

> 许多来自不同部门（原因）的业务需求都是以非结构化的方式（潜在的技术债务）实现的，这给数据流带来很多麻烦（症状）。这个系统要复杂得多（具有潜在的技术债务）。

通常情况下，开发人员对模棱两可、理解不透彻的需求做出的反应是，对他们真正理解的有限需求做出狭隘或过于笼统的选择，希望能匹配到最终的需求。这两种反应都增加了复杂性，使得更新系统的成本更高。

然而，这些需求方面的许多问题并不是技术债务。Tethys 的例子表明，首先需要了解需求，然后理解它在系统中引起的问题和造成的系统的复杂性，这使得解决这些问题的代价很高。也就是说，只有到那时，才有可能阐明实际的技术债务。

上下文变化的原因

技术债务是一个与时间相关的概念。在做出决定时没有产生任何技术债务的设计选择，可以在系统上下文更改时触发架构重构。这种架构重构是技术债务造成的，而技术债务是由业务或技术的变化或自然而然的变化引起的。Phoebe 遭遇过这种技术鸿沟（参见第 2 章）。随着团队开始与大型医疗保健商合作，团队成员意识到，他们对 Web 服务技术栈的选择，造成了大量的不兼容现象。经过近三年的发展，他们面临重新考虑设计的艰难抉择。

业务上下文变化

意外的外部事件会引起业务目标产生意外的变化。一个系统的所有决策在做出时都是适当的，但当业务环境发生变化时，它们就不再适用了。我们可以举出无数的例子：iPhone 的推出动摇了电信市场；云计算促进了基础设施、平台和软件即服务模式的发展，改变了计算资源分配的格局；政府的开放架构倡议导致一些私有化工作过时了。

面对如此极端的变化，正确的做法不是问："我们如何处理我们的问题日志？"而是问："在这个新的世界里，我们的哪些商业驱动力会改变？哪些业务驱动因素会要求产品做出改变？"

技术变化

一些技术变化以预期的速度触发业务变化，而另一些技术变化以破坏性的方式触发业务变化。锁定特定的软件、硬件或中间件技术最终将限制设计选择，并以意外返工的形式积累技术债务。同样，技术升级的延迟，导致与最新版本不同步，也会产生问题。事实上，版本不匹配被认为是造成组织资金流失的意外安全问题的首要原因之一。这种不匹配常常导致重大的架构重构工作，可能需要整个版本都专注于减少技术债务，因为一个简单的补丁更新并不能达到目的。明智的做法是提前计划技术变化，平衡预期的适应性，并进行系统性的评估。你愿意承担多少成本来预测未来的变化，往往取决于未来变化的不确定性水平。未来的变化越不确定，就越有必要去适应并根据需要做出改变。

Phoebe 的经历说明了技术变化的代价。随着 Phoebe 产品客户基础的增加，团队成员很快意识到，他们之前选择的 Web 服务技术栈陷入了技术锁定，并限制了他们的部署选项。最初的 Web 服务技术栈是有意的设计选择，或者说是已知的技术债务，它使得产品能快速发布。然后，新客户产生了对更广泛的部署选项的需求，这增加了计划之外的债务（时间轴上的临界点）。这就触发了更高优先级的支付：开发团队需要用满足 Phoebe 更广泛需求的技术选择来替换 Web 服务技术栈。

系统自然进化

系统终会老化。系统在维护时会发生变化，并会增加新的功能，这是系统的自然进化。这种进化最终会削弱一个系统。随着软件的日益普及，以及创造软件的社会与技术的复杂性的增加，这种自然进化的结果是产生技术债务。我们称之为技术债务不可避免性原则：

> **原则 3：**所有系统都有技术债务。
>
> 提供管理技术债务的有效工具并激励团队讨论技术债务，且将其纳入开发计划，有助于减轻因系统老化而带来的影响。这类似于健康的生活，在营养、运动和健康方面做出正确的选择，以及有一个可提供支持的社会环境，能提高寿命和健康水平。技术债务实践也是相同的道理。我们在第 13 章中讨论这一现象。

开发过程原因

开发人员和管理人员经常将执行软件工程实践过程中的不足归类为技术债务。虽然团队成员在遵循这些流程时可能会遇到问题，但改进这些流程并不能解决系统中累积的技术债务。想要有效地减少技术债务，你需要理解不规范的执行过程如何影响系统，如何无意造成系统复杂性，从而导致产生了技术债务。防止新债务产生，你需要有一个有侧重点的战略，或者一个组织过程改进计划，或者两者兼而有之。关于过程改进以及如何选择和遵循一个合理的软件开发过程，有很多非常实用的信息。

无效的文档化

文档，特别是架构设计和测试文档，常常是"房间里的大象"。系统文档的存在并不能保证系统可以免于技术债务。文档必须是有效的：是可访问的、相关的和最新的文档。无效或不充分的文档会导致系统产生技术债务。最初的一小部分开发人员，在交付压力下，没有时间和精力来记录他们的一些设计选择、约束、指南、接口和其他值得记录的细节。接手的开发人员可能会犹豫是否要更改他们不能理解的代码。以下是 Tethys 项目的一个情况，由一位开发人员描述：

我们产品有一部分几乎没有架构文档或测试过程描述，并且充满了错误（原因）。现存的小型文档太过时了，根本没有用。没有文档的帮助，加上时间的压力，导致客户对一次发布拒绝验收（症状）。随后经过调查，我们认识到应该创建并持续维护设计文档。我们花了几个月的时间重新生成了设计文档。只有这样，我们才能在系统中定位到问题（技术债务）。

这个开发人员清楚地阐述了由于缺乏清晰、最新和可用的文档而对系统造成的影响。无效的文档通常会对跟踪现有问题、理解它们的后果并预先阻止它们带来更多的债务带来挑战。由于还有完成计划的压力，新的问题进入系统成为必然。正如 Tethys 所经历的那样，可能有几个原因同时起作用。创建所需的文档并不能解决项目的债务问题，但它确实为团队提供了一种确定系统中问题的资源。

随着系统获得更大的成功和组织向团队中增加更多人员，文档变得更加重要。如果没有有效的文档，引入新团队成员的过程将变得更长，且更容易出错。"代码即文档"是有限制的，特别是当代码库变得很大，并且设计师需要传达关键的架构决策时。一些巧妙的设计决策确实体现在代码中，但它们对代码的读者来说可能并不是很清晰。例如，在选择不使用某个包或库的某个功能时，就是这样。反对选择的理由不会出现在代码中，如果这些理由没有被记录在案，它们就不可能被传达给不参与决策的开发团队成员。

因为 Tethys 团队经常雇用新的开发人员，所以缺乏文档会造成特别高的风险，导致技术债务的出现。Tethys 小组的一名成员解释：

文档分布在一组 Word/Excel 文档和大约 4 个应用程序生命周期管理（ALM）数据库项目（原因）中。新人通过文档来理解产品规格是非常困难的，因为细节很难找到。

所以应该为读者的需要编写文档，只关注是否需要文档，而不是为了过程而编写文档。

测试不够自动化

随着一个系统添加越来越多的功能，原始功能就开始出错，测试自动化变得特别重要。添加新代码可能会破坏最初正常工作的代码。开发团队专注于测试他们为当前版本开发的内容，而忽略了以前版本的内容。这样就会造成系统的不一致，导致代码库、构建脚本和测试套件的返工。系统地生成测试用例，并可以使用工具有序地在系统上运行，要进行这样的测试需要付出很大的努力。

在极端情况下，缺乏自动验收或回归测试是造成技术债务的主要原因。2004 年，Michael Feathers 甚至将"遗留代码"定义为"没有测试的代码"，或者在运行这些测试时不是自动化地运行。缺乏回归测试也是补救技术债务项的一个主要障碍：开发人员担心重构可能会对系统的行为产生不利影响，并引入未检测到的缺陷。因此，他们更愿意使用不完全正确的代码来完成工作，而不是冒着改变代码行为的风险来改进代码的内部结构。

与产品目标不一致的测试可能导致测试过度或测试不足。与产品无关的测试可能是无效的工作，开发人员会忽略测试结果，第 5 章中讨论的不加选择地使用静态代码分析器，就是无效工作。具备业务目标、需求和架构风险的知识，才能指导系统的分析和测试。

自动化测试对技术债务管理有多方面的影响。一个有效的测试策略，特别是自动化单元测试和回归测试的策略，会影响系统的设计，并且能够揭示从长远来看可能变成技术债务的问题。Atlas 开发人员描述的以下两个场景生动地展示了这种二元性。

场景 A：构建自动化测试基础设施

在项目开始时，我们不能完全支持自动化测试（原因）。随着开发的进行，要测试的特性的数量不断增加，直到完全实现自动化测试基础设施（症状）。即使在清除了这些积压工作之后，新的特性和变化仍然会导致一些旧的测试需要修改，以便可以测试通过（潜在的技术债务）。

场景 B：构建测试以捕获问题，并确保有足够的自动化单元测试

应用程序的测试覆盖率没有完全评估，并且唯一的测试资源抽离得比预期中早（原因）。自动化单元测试还没有完全定义。大家期望开发人员对队友的代码执行足够的测试，但是代码并不总是能够被彻底地测试，因为需要在很紧的时间内发布应用程序。结果，用户不断发现意料之外的缺陷（症状），这把我们压得喘不过气来。这些问题的根源仍然存在于系统中（潜在的技术债务）。

场景 A 描述了一个技术债务项的示例，该技术债务项造成了返工，需要进行修复。该场景描述了一个因果链，系统中测试和代码之间的偏差，导致开始时缺乏自动化测试，造成产品返工（第 7 章探讨过）。场景 B 还描述了一连串的原因及它们共同的后果。这类似于无效的文档。不做测试，开发人员不能及时捕获意料外引入系统的错误，这导致了技术债务的累积，或者经常测试，但测试可能是无效的。

管理技术债务的目标是将根本原因（缺少自动化）与技术债务开发工件（重新设计的特性和测试）分离开来，这样我们就可以制定明确的补救战略以消除债务。

流程失调

所有软件开发团队都有开发流程。团队成员偏离流程可能会导致技术债务。我们把这种偏差称为流程失调。解决由于流程不一致而导致的技术债务，可能需要在产品和组织层面采取多种行动。Tethys 的开发者深知，可以并且应该避免的鲁莽的、不计后果的做法，与战略性的、有意为之的技术债务，存在如下区别：

> 我们的项目之所以延误是由需求不断增长、资源分配不足和部门间的分歧造成的，而所有这些原因又都是由流程管理不善造成的，并且流程管理不善也导致产生了技术债务（原因）。我们应该调整流程，但也要做一个深入的系统分析，以了解我们目前的技术债务。

可以很好地定义开发人员使用的流程，如 Scrum、RAD（Rapid Application Development）或 SAFe（Scaled Agile Framework®）。或者流程可以是一个自定义的、轻量的过程，其活动和角色较少。在一个小团队中，成员不需要详细的过程描述，但可能需要对如何开发系统有一些共识。当团队对所选流程不买账或不理解时，问题就开始出现。

以上的示例可能出于简单的疏忽，例如没有与客户一起检查已批准的特性列表（因此开发了错误的特性集），也可能出于没有遵循仅签入已测试代码或从待办事项列表中提取任务的开发流程。在团队成员之间达成共识，并让他们遵循一些流程，有助于避免无意中累积债务。

人和团队的原因

开发系统的人是影响系统开发的关键因素之一，但往往被忽视。人们做决定，人们实现系统，人们使用系统。不计其数的例子表明，无效的团队或开发人员，对一个后来才被识别出的系统技术债务，会产生广泛影响。原因可以追溯到调换不同背景的新开发人员、招聘合适的人员、提供新技术或产品环境方面的必要培训等方面可能存在的不足。

缺乏经验的团队

有一两个经验不足或技能不好的人员是一个问题。但是随着对软件专业人员需求的不断增加，我们看到一些组织需要雇用大量经验不足的开发人员来组建一个团队，这几乎可以立即导致项目技术债务的膨胀。遗憾的是 Phoebe 团队不得不经历这样的事情：

> 在项目开始的时候，有 20 多个开发人员，但是几乎所有的开发人员都是入门级的（原因）。我们花了很长时间才完成一个简单的任务，直到几年前，问题才真正从代码中显现出来（症状）。功能低下或不必要的复杂性，整个类都是从互联网上复制和粘贴的，不考虑每个部分在项目中的适用性，有几个功能没有被实际使用或是不需要的，并且系统中存在重复代码（潜在的技术债务）。

这里的关键点是，要认识到缺乏经验的团队所造成的问题，并为他们提供正确的学习环境，使他们获得成功。像 Phoebe 这样的情况，组织应该制定招聘和培训策略，并使用有针对性的分析工具来确定、优先考虑和解决这个问题。开发工件中到处都是复制的类，有些函数不必要那么复杂，还有未使用的和重复的代码。为了解决现有的债务，团队需要修复工件并确保问题不会再发生。

另外，拥有关键决策权的利益相关者的知识和经验也至关重要。例如，当团队成员将产品迁移到移动环境时，Atlas 团队忍受了一段时间产品所有者带给他们的挫折：

> 产生技术债务可以归咎于产品所有者，他们不了解移动应用程序或移动应用程序使用的系统（原因），也不了解基本的开发过程或敏捷方法。为了完成工作，我们将大部分时间花在纠正产品所有者的错误或教授有关移动技术或开发过程的知识上。

重要的是要认识到，虽然缺乏经验会给系统注入非故意的技术债务，但一味指责会使产品或团队一无所获。技术债务来自存在的系统工件。然后，团队可以确定如何解决现有债务和重新分配责任，以确保具有相应技能的人在将来担当正确的角色，或者进行所需的技能开发。当团队拥有开发技能、共享知识和获得经验的资源和机会时，他们可以在项目中应用所学知识，从而打造竞争力。

分布式团队

协调不当常常导致设计决策的前提假设不一致，从而产生技术债务。分布式团队经常面临任务协调的挑战。移交计划时应考虑到潜在的协调问题。Tethys 架构师提供了一个其项目团队与离岸团队互动的例子：

> 我们得到了一个很大的教训：在解决所有架构问题之前，将开发工作交给离岸团队会积累大量的债务，即使你是有意承担债务的（原因）。我们在允许离岸团队开始开发时，警告他们 API 调用有部分是不完整的，因为我们需要更好地理解性能影响。我们假设，一旦决定公开 API 上的某些部分，我们可以对其进行协调更改。离岸团队必须对 API 做一些假设，包括对不完整的部分，但我们的团队没有很好地与他们沟通，结果导致在多个部分重复工作（技术债务）。

Tethys 架构师假设，只要在加利福尼亚的团队可以完成 API，在欧洲的离岸团队就可以开始进行代码实现。因为本地团队是在离岸团队离开一天后才开始工作的，所以加州团队开了几次会议才意识到，他们必须提前开始工作，才能与离岸团队沟通。尽管架构师指出缺少 API 调用，但是离岸团队认为既然加州团队已完成开发并交付，说明架构足够好。从离岸团队的项目负责人的角度来看，他做了正确的事情。遗憾的是，其中一个缺少的 API 调用被证明是优化性能的关键。不完整的 API 调用就是加州团队有意造成的技术债务。两个分布式团队之间关于 API 状态的这些可以避免的误解，导致了性能瓶颈这个更加严重的意外后果。这两个团队花了一段时间才了解了问题所在。

不专注的团队

在许多组织中，开发人员同时要兼顾几个方向，特别是经验丰富的开发人员。这不仅会产生任务切换，还会产生优先级切换。一个有竞争优势的个人或团队会把注意力集中在最紧迫的项目上。在矩阵式组织中，项目经理应特别注意优先级问题，以避免团队和个人缺少专注力。Atlas、Phoebe 和 Tethys 项目都受到了不确定团队的影响，特别是当他们开始成长时。建立高效、专注的团队是一个挑战。不重视团队建设的后果是，当团队没有足够的时间、培训、自主性和资源时，会在决定和管理优先事项时无意间引入技术债务。

结论

本章从四个主要方面描述了技术债务产生的原因：业务、上下文变化、开发流程、人员和团队。关于技术债务的许多成功案例和失败案例都或多或少与这几个方面有关。你会发现，大部分时间、进度和成本压力是造成多米诺骨牌效应的因素，其他因素累积起来也会造成一定的后果。认清原因有助于你认识技术债务，无论是有意为之的还是无意为之的。

了解业务、了解系统的技术基础、避免流程变动和建立有效的团队，有助于管理技术债务。了解原因有助于确定软件开发过程的要素和组织现状，这些需要确定的情况，都是向系统注入技术债务的可能因素。

今天能做点什么

对于主要的技术债务，必须找出根本原因：进度压力、流程问题、人员可用性或流动性、知识是否欠缺、工具是否完善、战略或目标变更等。

- 如果你是软件开发人员、架构师或测试人员，并且是开发团队的积极参与者，请与团队沟通你观察到的原因。同时，描述为减少技术债务而进行的返工，也就是带来的后果是什么。

- 如果你是一名团队领导、项目经理或 Scrum master，首先要问你的团队，是什么导致了技术债务，团队可以做些什么来避免。

- 如果你是软件开发经理、主管或项目经理，负责监督多个项目，请为业务目标和产品的短期和长期愿景创建清晰的沟通渠道。给你的团队权力，并对提高他们的技能投资。不要妄下结论。花一天半的时间对根本原因进行结构化的分析讨论，可以在项目进展的过程中为你省去很多麻烦。

当你了解原因时，可以想一些特定的操作来解决这些问题或减轻其影响。

扩展阅读

在"Technical Debt Quadrant"中，Martin Fowler（2009 年）阐述了故意（有意）为之的技术债务和非故意（无意）为之的技术债务之间的区别。

软件工程领域先驱思想家 Manny Lehman（分别于 1980 年、1996 年）和 David Parnas（于 1994 年）发表的观点让我们意识到，几十年自然进化和软件老化的后果。自然进化和软件老化是所有系统都会产生技术债务的两个原因。

Jim Highsmith（于 2002 年），当时在 Cutter Consortium，现在工作于 ThoughtWorks，写了大量关于适应与预期之间的紧张关系的敏捷项目管理文章。这种紧张关系对我们讨论过的引发技术债务的所有四个方面的原因都有影响：业务性质、上下文变化、开发流程以及人员和团队。

George Fairbanks（于 2010 年）引入了"恰如其分的架构设计"的概念，即刚好足够的架构和设计文档。他强调在正确的时间获取有效和充分的信息，而不是仅仅为勾选一个复选框而设计和记录。

来自开发人员和软件项目经理的故事，有助于我们理解如何对引发技术债务的原因进行分类。Lim 及其同事（于 2012 年）和 Tom 及其同事（于 2012 年）在研究中收集了一些开发轶事，这些开发轶事反映了我们在本章中总结的原因类型。

第 11 章

技术债务信用检查

你希望对系统进行深入分析，并制定管理技术债务的策略。首先，根据系统架构、开发实践和组织上下文，对业务目标进行快速全面的检查，这将为成功地执行更深入的分析和确定可接受的结果提供指导。在本章中，我们将介绍一种评估软件开发项目的环境和状态的技术，以揭示产生债务的原因。

查明原因：技术债务信用检查

当你面对一个复杂的局面时，该怎么办？想想这个场景：你回家发现客厅被洪水淹没了。你先做什么？你想找最好的水管工吗？你擦地板吗？你给保险代理人打电话吗？或者你是否会迅速四处查看情况，看看水是否还在继续流入，关闭主水阀，把你的物品搬离危险的地方，然后找出原因、水源？

同样，快速检查一个项目以及正在开发的软件和系统后，可能会发现业务愿景、架构、组织和开发实践中的技术风险，其可能会将技术债务注入系统。可以使用这些发现来定义衡量技术债务的标准，并选择根据这些标准进行衡量的技术和工具。如果计划对系统进行全面的技术债务分析，以充分描述技术债务的当前状态，你会发现这些信息非常有用。

技术债务信用检查的目标是找出引发系统现有技术债务的根本原因，并确定债务是否会继续增长。了解引发债务的原因对于选择适当的管理方法和消除债务至关重要。在第 10 章中我们研究了引发技术债务的常见原因。进行技术债务信用检查有助于了解什么可能导致债务，如果你长期被债务困扰则更需如此。使用这种简单的提问，技术团队能够快速回顾他们的业务愿景、组织支持该愿景的能力，以及软件开发工件和实践。对于被水淹没的客厅，这样的检查可以帮助确定是水管漏水、洗碗机溢水，还是有人开了水龙头。一旦找到水源，你就可以让水停止流动，并在房子的其他地方寻找可能不那么明显的损坏。

下面我们描述这项技术的目的、参与人员和时间、你需要什么类型的输入、实施的步骤以及结果。

目的

技术债务信用检查是在软件开发项目的上下文和状态中进行探索的系统方法，它主要包含四个值得注意的方面。通过审查关键标准，一个组织可以迅速确定产生技术债务的潜在风险原因，并需要对其进一步分析。当一个组织在处理无意的技术债务的后果时，使用这种技术特别有用。在第 5、6 和 7 章中，我们描述了如何选择适当的分析方法进一步澄清根本原因，以及如何追溯到产生技术债务的相关代码、架构和部署方面的开发工件。

谁将参与

技术债务信息检查从开发团队和项目管理的角度识别技术债务产生的潜在原因。开发人员最了解与技术债务及其症状相关的开发工件，而管理人员对技术债务在成本和价值方面造成的后果更了解。一个由两三名项目团队成员组成的小组将承担分析师的职责，并采访项目的关键利益相关者，重点关注业务愿景、架构、开发和组织等方面。

你什么时候能开始

你可以通过两种方法使用这种技术。一个组织或团队可能感觉到技术债务正在累积，但发现很难开始系统地解决它。在这种情况下，你可以使用该技术作为干预手段，将技术债务的意识引入组织。你还可以将该技术作为项目流程的一部分，以实现持续改进。在这种情况下，你可以在最有可能引入技术债务的地方建立基线，并相应地分配分析和管理资源。一旦建立了基线，就可以使用标准定期调查原因，以控制技术债务。

输入

技术债务信用检查的输入是软件开发项目的上下文和状态，聚焦于业务远景、架构、开发实践和组织。这样的聚焦有助于团队迅速从反映项目困境的笼统原因（见第 10 章的总结），切换到团队可以用来确定具体技术债务项的特定原因。输入可以从多个工件中找到，也可以掌握在开发人员和关键涉众的负责人手中，或从组织的共有知识中找到。

步骤

以下是如何进行技术债务信用检查的步骤说明：

1. 与项目决策者合作，选择关键涉众进行访谈。起码要选择初级和高级开发人员、架构师、项目经理和关键决策者。

2. 讨论项目的状态，重点是业务愿景、架构、开发和组织。提出能够揭示技术债务常见原因的问题，详见本章下文。

3. 整合关键领域的问题，以确定导致业务目标、架构活动、开发实践以及组织如何支持成员相关风险的原因。问题可能相似，也可能部分重叠。

4. 向所有利益相关者和关键决策者展示结果。

5. 指导利益相关者确定原因的优先级，估计发生的可能性和每种风险的潜在影响。根据触发高、中、低技术债务的潜在风险对它们进行排序。用各种典型的风险区域来表示排序结果，但重点放在技术债务上，如以下模板所示：

- 如果<坏情况可能发生>，则将导致<负面后果>。
- <现状的事实陈述>可能导致<负面后果>。

输出

输出是一个记分卡，其中包括产生技术债务的原因列表和每个原因的影响等级（高、中、低）。

了解项目状态的四个重点领域

建议首先关注四个关键领域，以便理解项目的环境和状态。这四个领域将帮助你从众多的原因中筛选出几个原因，从而为各类技术债务分别制定一个简单的、可操作的策略。

业务愿景

通过对系统业务目标的清晰描述，项目团队可以了解所需的系统质量、软件开发状态，以及开发人员在偏离该状态时所做选择的后果。如果没有一个清晰的愿景，一个系统可能会出现许多意想不到的问题，从而导致技术债务。为了确保开发工作与业务愿景一致，需要调查的关键标准包括以下几点：

- 业务目标是否清晰，是否反映了涉众的关注点？
- 是否制定了成功的策略并进行了清晰的沟通（例如，路线图、产品组合、关键的时间线）？
- 是否有资金保障，是否相关的资源优先级会影响项目？
- 产品负责人是否了解业务环境的动态变化和不断变化的市场机会？
- 对产品设计和开发所做的关键业务决策的后果是否清晰？
- 开发团队是否与客户建立了有效的沟通渠道以及及时反馈的闭环？

关注业务愿景有助于确定与业务相关的原因（见第 10 章中的讨论），例如时间和成本压力的大小、业务目标的一致性和需求的清晰性。

架构

必须将平衡项目短期和长期技术目标的架构活动集成到软件开发生命周期中，从而战略性地管理技术债务。纵容这些活动持续进行，常常会产生系统竖井、架构一致性问题，以及在开发后期意外返工的成本。团队必须根据业务目标、组织需求和期望的开发状态做出架构决策。需要调查的关键标准包括：

- 是否在架构层面定义了与业务目标相关的重要需求,并就其在业务和技术涉众之间实现了清晰的沟通?

- 是否提供了架构已满足关键需求的证据?

- 是否存在已知的架构问题,是否对它们进行了跟踪和管理?

- 考虑到架构需要支持的短期和长期业务目标,关键架构决策的时间表是否清晰?

- 技术变化的影响及局限性是否清楚?

- 关键的构建和集成、测试和部署场景是否清晰、开发良好并得到及时利用?

确定架构方面的债务原因可以揭示项目的上下文,如技术变化、业务转移或市场演变。它还可以提示系统中最关键的技术债务可能位于何处。此外,你可以发现流程方面的原因,不仅是与架构相关的流程,还包括与文档和软件开发相关的流程。这很重要,因为由此可以知道流程如何指导团队管理和偿还技术债务。

开发

任何软件工程项目的底线都是运行系统的质量。必须使开发实践与业务目标和架构保持一致,以避免意外的债务。调查以下标准将有助于发现与开发及其流程、工具相关的潜在风险:

- 开发基础设施是否到位并与架构保持一致?

- 是否使用了必要的质量控制方法(例如,代码评审、检测、测试、持续集成、部署实践)?

- 开发团队是否有适当的工具并能有效地使用它们? 是否在需要时提供培训?

- 是否有适当的环境来测量和监控系统质量和“完成”的标准?

- 开发团队是否考虑过代码维护和演化?

- 团队是否理解、接受并遵循既定的软件开发过程和实践?

组织

任何成功的组织都是在一种文化和既定的流程中运作的。当一个组织的底层文化和流程不支持它的员工，也不接受变革时，技术债务就会潜入其中。调查的关键标准包括：

- 组织结构是否支持协作？开发团队、项目管理和架构师是否相互支持？

- 是否有必要的程序和技术来应对变化？

- 组织是否确定了延迟和返工成本的影响，并决定了如何管理和权衡？

- 组织是否承认不确定性对项目的影响？

- 组织是否提供了项目成功所需的技能培训？

- 组织是否为团队提供了足够的资源？

- 是否有使新的团队成员跟上项目的进度的程序？

- 是否建立了清晰的团队沟通渠道？

Phoebe项目技术债务原因分析

我们在第 10 章中给出的 Phoebe 项目示例表明，技术变化是架构出现问题的原因：

> 我们所依赖的开源 Web 服务技术栈经历了几个版本，但我们没有升级它。如果我们不尽快升级，就无法为客户提供新功能。

图 11.1 展示了 Phoebe 项目中技术债务原因的记分卡。这里建议以红色、黄色和绿色来标识评级结果，其中红色表示该区域导致技术债务，黄色表示如果管理不善，该区域可能导致技术债务，绿色表示该区域管理得当。红色评级意味着对该区域下问题的回答大多是否定的或不充分的。Phoebe 显然需要更好地处理其短期和长期的架构问题。

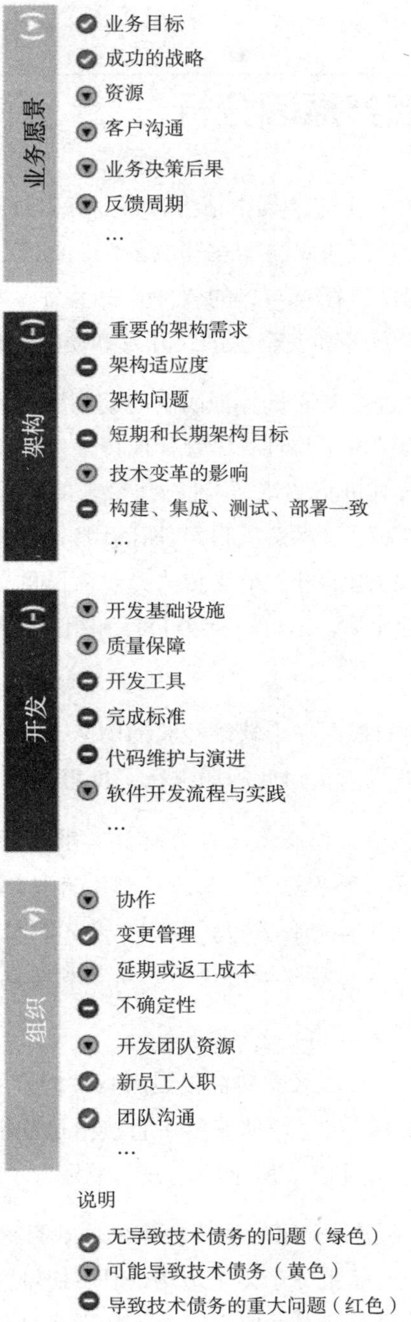

业务愿景
- 业务目标
- 成功的战略
- 资源
- 客户沟通
- 业务决策后果
- 反馈周期
  …

架构
- 重要的架构需求
- 架构适应度
- 架构问题
- 短期和长期架构目标
- 技术变革的影响
- 构建、集成、测试、部署一致
  …

开发
- 开发基础设施
- 质量保障
- 开发工具
- 完成标准
- 代码维护与演进
- 软件开发流程与实践
  …

组织
- 协作
- 变更管理
- 延期或返工成本
- 不确定性
- 开发团队资源
- 新员工入职
- 团队沟通
  …

说明
- 无导致技术债务的问题（绿色）
- 可能导致技术债务（黄色）
- 导致技术债务的重大问题（红色）

图 11.1　Phoebe 项目技术债务原因记分卡

Tethys项目技术债务原因分析

让我们详细看看 Tethys，一个需要集中精力调整业务目标和组织流程的组织。随着 Tethys 成长为当今的全球巨头，管理层决定将开发和质量保证的责任分开。开发团队以迭代和增量交付方式运行，质量保证团队遵循瀑布式的软件开发生命周期。在安全敏感的领域和航空电子的环境中，产品必须符合行业和安全标准，开发和质量保证之间的这种隔断并不少见。

但是，开发团队的交付进度与质量保证团队的期望不一致。开发团队以增量的方式交付特性。质量保证团队没有测试增量特性，尽管其他特性依赖于增量的特性，他们还是等待每一个完整的特性完成后才对其进行测试。这种做法带来的后果是，等质量保证团队发现缺陷，开发人员的时间已经被消耗掉了。虽然项目经理让新特性优先于所有其他任务，但新特性的开发速度还是下滑了，跟上紧迫的开发节奏成为开发团队的首要任务，开发团队必须权衡解决缺陷和开发新特性之间的矛盾。这样，业务目标和组织流程的不一致给 Tethys 团队造成了巨大的障碍。

此外，另一个组织问题的根源在于缺乏经验的团队，这一问题导致了整个软件行业潜在的技术债务。一位 Tethys 开发人员对此问题进行了反思：

> 我们有很高的离职率，但我们没有为新员工跟上系统和我们的开发实践分配时间。新来的员工会注入很多缺陷，因为我们没有把他们安排妥当。如果让更有经验的员工来指导，新员工就会成功，我们也看不到混乱，但往往没有人花足够的时间去做这件事，然后问题就被忽视了。缺乏训练最终会减慢我们的速度，这已经有要出问题的迹象。

Tethys 的团队负责人与经理和客户协商推迟新特性的开发，因为初级成员经验不足的问题在一次次迭代中变得越来越严重。团队修复了直接由这些缺陷引起的一些问题，他们也进行了技术债务信用检查，并在图 11.2 所示的记分卡中报告了结果。

仔细观察 Tethys 的商业愿景，可以发现大家的商业目标不一致。项目组不了解产品线的机会。长期目标是用同一产品服务于多个市场，但短期目标是满足紧迫的市场需求。开发团队不遗余力地创建了一个通用架构，他们错过了特定产品的即时交付需求，这进一步增加了时间和成本压力。

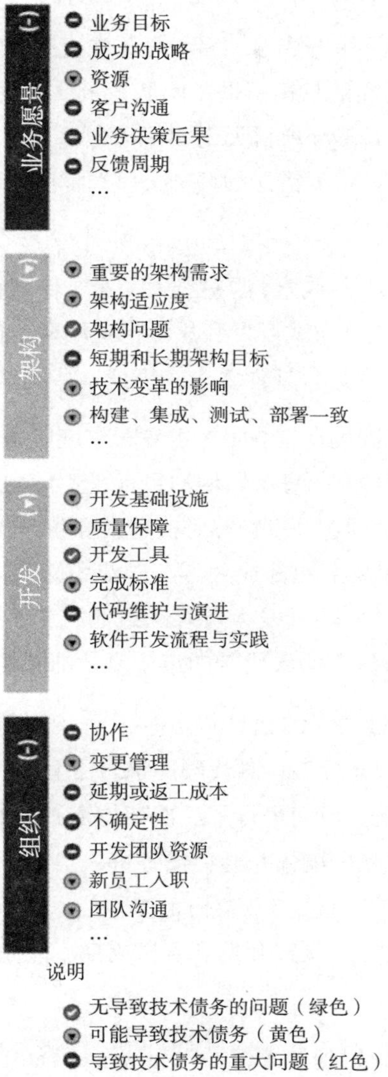

业务愿景 (一)
- 业务目标
- 成功的战略
- 资源
- 客户沟通
- 业务决策后果
- 反馈周期
  …

架构 (一)
- 重要的架构需求
- 架构适应度
- 架构问题
- 短期和长期架构目标
- 技术变革的影响
- 构建、集成、测试、部署一致
  …

开发 (一)
- 开发基础设施
- 质量保障
- 开发工具
- 完成标准
- 代码维护与演进
- 软件开发流程与实践
  …

组织 (一)
- 协作
- 变更管理
- 延期或返工成本
- 不确定性
- 开发团队资源
- 新员工入职
- 团队沟通
  …

说明
- 无导致技术债务的问题（绿色）
- 可能导致技术债务（黄色）
- 导致技术债务的重大问题（红色）

图 11.2　Tethys 项目技术债务原因记分卡

　　Tethys 公司在上市之初就面临着巨大的风险，项目团队可能会向产品中引入技术债务，因为他们对短期目标和业务愿景感到困惑。建立一个应对所有潜在变化的解决方案的目标，导致构建了一个过度参数化的架构。为了创建足够强大的基础设施，以处理产品和产品线的自然演化，团队增加了不必要的复杂性以满足客户的即时需求。随着系统的发展，过度抽象的架构和无意识的复杂性，都导致产生了一些技术债务项。团队在变量参数中迷失了方向，因此他们实现的许多功能都是不完整的。或者，只关注直接客户的短期目标，这也会带来一系列不同的问题。进行方方面面的权衡有助于团队成员认识到他们为何需要承担技术债务，从而战略性地管理技术债务。Tethys 项目无论如何都会承担技术债务，但其错过了一个战略性地承担债务的机会，这不仅导致了错误的债务类型，而且直到项目几乎被取消时他们才意识到这一点。

Tethys 的组织结构提供了一些线索，这些线索提示了与流程有关的一些原因是如何导致技术债务累积的。Tethys 无法在分布式开发和质量保证团队之间协调迭代和瀑布模型的多个流程。由于在安全敏感领域要满足合规性要求，因此这些团队以不同的速度运行。

Tethys 项目使用了三个不同的周期：向客户发布年度版本、由质量保证团队执行季度测试，以及由开发团队进行每月冲刺。每个周期的目标是不同的，但它们之间有重要的依赖关系。例如，当季度测试在给定版本中发现产品特性问题时，开发团队已经在其上实现了三个其他版本，使得变更的难度和复杂性都加大了。这让团队难以定位问题，所以他们在 bug 修复上花费了大量的时间。因此，当开发人员意识到他们在使用三个未对齐的周期并无法取得进展时，对于难以维护并充斥着错误代码的过于复杂的架构，重新设计已经太迟了。

在进行了技术债务信用检查之后，团队成员意识到，他们错位的业务目标造成了过于复杂的架构。他们使用一些静态分析工具对代码库进行了分析，重点是检查安全性（如第 5 章所述）。为了了解债务的影响，他们进行了一次架构审查（如第 6 章所述）。然后，团队决定立即采取以下纠正措施，以减少债务并避免债务进一步累积：减少架构中的变量参数，添加架构一致性准则，并让每个人遵从同一架构工作。技术债务信用检查还会造成其他后果，例如重新规划发布周期，以更好地调整开发和测试周期，并完全重新审视测试策略（如第 7 章所述）。

如图 11.3 所示，将事件映射到技术债务时间线上，Tethys 团队就能够评估其债务的后果。正如第 9 章中讨论的，团队成员继续通过补救债务来降低风险。他们决定在偿还部分债务之前，停止提供至少四分之一的新功能。通过区分引起债务的原因和他们需要解决的当前债务，他们认识到，如果继续修复缺陷，永远也不会解决问题。他们需要修正产品线架构。

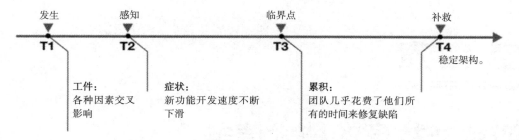

图 11.3　Tethys 技术债务时间线

今天能做点什么

不遵循既定的软件工程实践的团队，就要承担鲁莽带来的后果和非故意造成的技术债务。在本章中，我们介绍了一种技术，以帮助你确定可能在哪些方面偏离了已建立的实践并引入了技术债务。

有了合适的利益相关者和良好的引导技能，我们可以自己进行技术债务信用检查，并创建一个记分卡，指出对技术债务积累贡献最大的因素。然后你就可以开始制订一个计划来战略性地管理你的债务。

扩展阅读

技术风险评估是许多组织的常规实践。本章描述的技术债务信用检查受到了这些方法的启发，但它提供了一种轻量级的方法来评估技术债务风险。例如，软件工程研究所（Software Engineering Institute）（Bass 等人，2012 年）的架构权衡分析方法也以类似的方式对系统的架构进行走查（walkthough），以发现业务目标和架构重要需求方面的技术风险。

敏捷联盟技术债务计划（Agile Alliance Technical Debt Initiative）为执行人员、经理和开发人员开发的指导方针总结了代码质量规则，当违反这些规则时，就会产生技术债务。他们特别提出了敏捷联盟债务分析模型（Agile Alliance Debt Analysis Model, A2DAM）（Fayolle 等人，2018 年）。

第 12 章

避免非故意的技术债务

在本章中,我们总结软件工程实践,任何团队都应该将这些实践应用到软件开发活动中,以最小化非故意的技术债务。这些实践对于各组织和团队将管理技术债务的各种方法整合起来并制度化是至关重要的。

软件工程

管理技术债务需要对软件工程实践有广泛的了解,这正是本章的目标:学习了解各种软件工程实践,这些实践对于建立一个全面的技术债务管理方法至关重要,有了这些实践你就可以把时间花在技术债务管理战略上,而不是四处灭火。因为许多软件开发书籍对这些实践都有描述,所以我们在此仅对这些实践进行总结,并解释这些实践如何支持技术债务管理,或者如何与技术债务相关。

不使用可靠的实践来运行软件工程项目,可能会给你带来大量的技术债务。我们在第10 章中梳理产生技术债务的原因时,详细讨论了这个问题。更重要的是,使用推荐的软件工程实践,能帮助你避免违反本书中介绍的软件工程的关键原则。

如果你不将良好的编码标准和代码质量检查实践制度化,那么你的代码质量将不可避免地下降。你将迷失在累积的缺陷中。你的架构最终也会腐化。

如果你不知道架构决策和所做的权衡,并且不停地检查它们,你就无法及时地对架构更改做出反应。首先，你无法确定要修复什么、在哪里修复或导致问题的原因。记住这两个原则：

> 原则 5：技术债务并不是质量差的同义词。
>
> 原则 6：架构技术债务的成本最高。

如果你不知道短期、长期的组织目标和项目目标，也不制订达成目标的实践计划，就会陷入"责怪游戏"中。正如我们在第 3 章中所指出的，只有最微不足道的系统才能逃脱技术债务，最好特意去管理它，而不是让它意外地管理你。记住这一原则：

> 原则 3：所有系统都有技术债务。

良好的编码、架构和生产环境实践是良好软件工程的重要组成部分，这些实践可以提高对业务需求和代码质量的响应能力，从而使得软件更易于开发和维护。通过静态代码分析、监控和日志记录等技术，使你的软件在某种程度上"可观察"，这样你就可以收集并使用数据来解释系统行为，以及解释你所经历的系统演进和遭遇的维护挑战。接下来，我们将深入研究这些实践。

代码质量和非故意的技术债务

以下四个基本实践对于创建高质量和可维护的代码至关重要：

- 建立和遵循合理编码标准。

- 建立和遵循安全编码标准。

- 编写可维护的代码。

- 重构。

如果你放弃软件工艺的基本原则，你在整个项目生命周期中就会一直处于代码的经常性利息支付中。

合理编码标准

编码标准是特定编程语言的编码指导原则，它为编写该语言程序推荐编程风格、实践和方法。最常见的零散的和非故意的技术债务是因没有遵循这种编码标准而导致的。

大多数软件开发组织采用某种形式的编码标准，该标准规定了可接受的和不可接受的编码习惯。该标准是特定于某种开发语言的。其主要目标如下：

- 加强程序开发人员和维护人员对代码的理解。

- 避免常见的编码错误。

- 防止使用危险、易出错或代价高昂的结构形式。

标准包括对命名、代码格式和语言构造的规定。其他规定还包括以注释的形式组织文件和文档，以提高对代码库的全面理解。比如对于注释，可规定每个公共类和公共方法的最小文档量，以及代码中不需要注释的部分。一个有效的编程风格指南通常指出了避免混淆的短语和帮助导航的关键短语。这些都只是"基本"的规定，还有更复杂的规定，特别是对于需要协调大型团队的项目，还会对公共、私有和受保护的属性、类和方法进行命名约定。

使用集成开发环境（IDE）有助于实施编码标准。团队中的所有开发人员都应该非常熟悉并遵循项目使用的编码标准。这些编码标准可以是公司专有的，也可以是行业实践，例如 Google Java 标准指南或 Java 编程语言的 Oracle 代码约定。

安全编码标准

安全编码是一种软件开发实践，它是一种防止意外引入逻辑缺陷和实现错误的方法，而这些问题可能会导致产生可被利用的软件漏洞。一系列的安全问题，特别是当这些安全问题被捕捉得太晚时，将会变成技术债务。

Phoebe 团队的时间线反映了我们调查过的许多团队的经历。随着产品的成熟，团队成员开始意识到他们需要做更多的工作来满足产品的安全性要求，特别是政府客户的需求。在预判了未来的需求后，他们决定采取主动，给代码库运行一个安全性分析工具。他们在待办事项列表中增加了几个技术故事和任务：

任务：对 Phoebe 代码执行安全性扫描并记录结果。

技术故事：作为一个 Phoebe 开发人员，我想解决所有的关键或高优先级的安全性扫描问题。

技术故事：作为一个 Phoebe 项目的参与者，我想解决所有的中、低安全性扫描问题，从而提高代码质量。

Phoebe 团队选择使用一个名为 Fortify 的安全扫描工具，该工具可从安全编码标准的角度自动检查常见的安全问题，从而提供静态和动态应用程序安全检查功能。选择 Fortify 的一个原因是 Phoebe 是用 Java 实现的，它广泛使用了 J2EE 库，而 Fortify 提供了最新的一致性检查功能。

通过安全性扫描，团队成员在待办事项列表中添加了 69 个问题。这些问题孤立地看都不是技术债务。事实上，大多数问题都很小。然而，当将这些问题放在一起分析时，你就能很明显地看出代码中有与安全性相关的技术债务。安全性扫描发现的问题包括错误处理不当、无法正确捕获空指针异常或未正确抛出或捕获异常。这些都是与异常处理相关的潜在设计问题的症状。问题清单中还包括其他常见的例子，例如：

```
J2EE bad practice:
        Leftover debug code
Poor error handling:
        Overly broad throws
Poor logging practice:
        Use of a system output stream
Poor style:
        Value never read
        Non-final public static field
        Confusing naming
        Redundant null check
```

所有这些问题都会随时造成安全风险，可能导致系统崩溃、被利用，或两者兼而有之。团队成员解决了这些问题之后，他们还教育团队其他成员要遵循安全编码实践。

你可以参考许多资料来改进安全编码实践。例如，Open Web 应用程序安全项目（Open Web Application Security Project，OWASP）维护了一个文档，该文档总结了安全编码规则和实践。有些资料提供了一般性的指导，例如 "protect server side code being downloaded by a user"，但其没有指定要使用的保护机制类型。有些资料则包含非常具体的规则，比如 SEI CERT 安全编码标准中包含的规则。还有一些工具可以实现这些规则。MITRE 公司维护一个通用缺陷枚举（CWE）数据库以及常用漏洞和风险（CVE）数据库。这些资料可以用来指导你的团队进行安全编码，并帮助他们实施最佳实践。团队应该在项目开始时审查安全编码实践，同时建立编码标准。

但从技术债务的角度来看，安全编码是一个有点棘手的事情。安全性问题通常是最重要的问题，当发现这样的问题时，通常会第一时间解决。有时是因为打一些补丁偶然地引入了技术债务。孤立地处理每一个问题往往无法解决技术债务问题。通常，将与架构设计相关的安全问题组合起来既会产生技术债务项，又会限制修复它们的方法。不遵循已知的安全编码实践和标准会更加容易引入技术债务。而且随着系统规模日益增大，查找问题的根源将变得更加困难。

可维护的代码

可维护的代码和可维护的架构是密切相关的。遵循公认的最佳实践能增强代码的可维护性，例如为类的大小建立通用标准，指导如何使用外部库以及选择可维护的架构模式。

软件产品质量标准 ISO/IEC 25000（由 ISO 9126 演变而来）描述了系统质量特性。可维护性包含了可变更性、模块性、可理解性、可测试性和可重用性等概念。许多源代码属性会影响可维护性。可维护代码的特性包括单元大小、单元复杂度、单元接口、重复、覆盖、耦合、循环、传播和依赖类型。单元可以是由开发环境中的工件（如代码行和文件、目录、包或项目的数量）或软件资产的语义构造（如函数、块、类、语句和访问器）定义的分组。对象管理组和 IT 质量联盟等组织已经推荐了与可维护性相关的标准。

编写可维护的代码是开发高质量代码的一个要求。同样，理解可维护性也是构建系统的一个要求。为这些实践建立明确的基线能帮助你避免最常见、最昂贵又最不可能被修复的技术债务。

重构

重构可以提高整体代码的质量。重构不仅仅是清理代码，它是一种引入已知改进模式的技术。虽然每次重构都只做了一点事情，但是一系列的重构可以改善代码质量和降低复杂性。

讲解基本的重构方法的资料很多。有一些资料描述了如何进行小型的重构以及重构使用的工具，和通用重构模式的分类及特定于编程语言的模式分类。

在重构代码之前，需要进行一组可靠的自动化单元测试。在重构代码之前和之后都应该通过单元测试。进行单元测试可以安全地防范无意中引入新问题。老练的开发人员可以确保在重构活动中使用并通过单元测试。

Atlas 团队依靠重构在短迭代周期内管理技术债务。以下是团队的两项技术债务：

Atlas#102：占位符：我更改了代码并通过了测试，但是测试没有测试该测试的代码。我明天会修复好的。

Atlas#623：我们应该创建一个工具栏超类/ui/toolbar/ bottom_toolbar.mm，并且 reading_list_toolbar.mm、clear_browsing_bar 和 bookmark_context_bar 类应该基于超类。这样，可以减少冗余的代码和技术债务，并确保工具栏的样式、字体和间距始终一致。

在第一个例子中，开发人员知道她在重构之后可以使代码工作，但是她也引入了另一个问题。她创建了一个技术债务项以提醒团队中的每个人，并将该技术债务项放在自己名下，然后准备在第二天修复它。在第二个例子中，开发人员新创建了一个技术债务项，还提出了一个解决方案，并描述了该解决方案的好处且给出了重构建议。

重构是团队通常使用的一种方法，用于将已知的技术债务问题与其他更改捆绑在一起，然后随着代码的改进减少这些更改。虽然重构不能解决根深蒂固的架构问题，但它可以是一种有效的技术，来提高代码的可维护性和代码质量，并在一些常见问题变得棘手之前消除它们。

架构、生产环境和非故意的技术债务

我们前面讲过，最昂贵的技术债务是架构级别的。今天，我们认为一个好的架构实践是对架构问题的深入思考和持续关注，而不是大规模的前期设计。架构设计不是一时的事情，而是与项目集成在一起并在系统运行时持续进行的活动。你对技术、框架、集成和部署流水线的选择都会封装在架构决策中，而且支持或阻碍质量属性需求的实现。下面列出了一些对于理解架构设计权衡至关重要的实践：

- 列出对软件设计和质量的质量属性需求。

- 将迭代增量设计纳入发布计划。

- 保持架构和生产基础设施的一致。

- 记录满足利益相关者的需求。

- 将轻量级分析和一致性检查贯穿软件开发的始终。

质量属性需求

开发高质量的系统和管理系统的技术债务需要理解系统对架构的需求。质量属性需求是系统对架构的重要需求，它影响系统的运行时行为、系统的设计和长期的可演化性。在需求规范（例如，IEEE 830-1998：软件需求规范的推荐实践）中，包含质量属性需求的分类方法和定义。

只有团队对质量属性需求有基本的理解，才可以基于这些需求去设计，更重要的是才可以了解短期和长期架构中最薄弱的环节。长久坚持根据这些需求来进行系统结构和行为的设计是一件困难的事情。组织通常不能坚持长期地关注质量属性需求，这样随着项目的进展，就会产生大量的技术债务。同时考虑安全性、可伸缩性和可维护性的设计并不多见。

有几种技术可以帮助我们实施需求（主要是质量属性需求）管理实践。来自关键干系人并表示为业务场景的需求提供了架构重要需求的可量化定义及其优先级。在敏捷软件开发过程中，当系统的运行时质量对用户可见时，可以将质量属性需求转变为用户故事；而当团队专注于内部结构问题时，则可以将质量属性需求转变为技术任务。

发布计划中的迭代增量设计

在计划发布期间，对架构备选方案进行论证并使用架构来指导实现选择，便于后期战略性地处理技术债务。关键的是，要在开发迭代和发布计划中明确定义与实现质量属性需求相关的任务。未能花时间好好进行架构设计会导致非故意的技术债务。

现代软件开发方法已认识到架构设计的关键性和战略重要性。例如，Scaled Agile Framework（SAFe）将架构跑道定义为对近期特性和功能至关重要的生产基础设施、架构和代码。其建议以 sprint 为单位分配时间，根据需要创建和扩展跑道，以支持依赖于它的特性的开发。

如果系统和团队规模较小，如 Atlas，则可能需要更短的架构跑道。尤其是在技术或特性的需求不确定时，团队应根据需要尝试一些东西、获取一些反馈和重构，这可能比花很多的时间来识别不断变化的需求有效。

如果系统和团队规模较大（如 Tethys）则需要更长的跑道。构建基础设施和进行软件架构重构需要比一次迭代或一个发布周期更长的时间。当新功能的结构就绪时，交付计划中的功能就更容易预测。这需要在规划过程中有前瞻性，并在当前迭代中对支持客户未来需要的特性的架构工作进行投资。

关注与质量属性需求有关的架构任务的分配，开发团队可以明智地进行设计权衡，并战略性地承担技术债务。了解开发工作的状态，开发团队才能更好地进行架构设计。开发团队需要达到一种开发节奏，在这个节奏中，每个版本都以新功能向涉众提供价值。最初，这种状态不存在。团队需要构建平台和框架，建立架构模式，并确定结构及其实现方法。

实现迭代、增量设计的关键因素有以下几个：

- **了解短期和长期业务目标，了解关键的质量属性需求**。通过对质量属性需求的定量响应度量和它的优先级，制定这些需求的设计策略。

- **尽早获取质量属性**。应该根据技术难度和业务价值对质量属性进行优先排序，并至少在每个发布点进行修订。

- **了解技术约束、使用的产品和需求之间的依赖关系**。这是一项持续的活动，因为依赖关系往往不像细节中的魔鬼那样立即显现出来。融进 sprint 中的轻量级分析方法有助于揭示这些依赖关系。

保持架构和生产基础设施的一致

另外，对于架构跑道比较重要的是，要实现持续集成、持续部署和监控所需的生产基础设施和工具。知道了软件如何与发布过程和生产基础设施保持一致，就更容易实现持续交付及交付的工具。至少，使用参数、自我监控和自我启动版本更新能够使团队避免生产环境中的技术债务：

- 主要参数化与生产基础设施相关的环境变量，如数据库和服务器名称。允许团队推迟与环境绑定的时间并更改构建和生产环境的各个方面，但无须更改构建本身。

- 自我监控可在系统运行时和不同步时监控系统性能和故障。生产基础设施和系统架构都可以利用负载均衡、日志记录和冗余策略来重新调整系统并改进系统行为。

- 自我启动版本更新允许团队运行脚本来更新生产中软件的相关版本。版本控制会成为一个问题，特别是当你的目标是大规模地持续集成和部署时。客户机和主要应用程序可能会变得不同步，支持的工具环境也可能会变得不同步。

文档

许多系统都有文档，然而文档很快就与运行的软件脱节了。在进度压力下，很多团队放弃对文档的更新并利用节省的时间修复缺陷。因此，关于文档，存在以下几个问题：

- 文档很少能立即帮助到作者（"我知道这一点，这一点我可以记住几个星期或几个月"），因此他们不大愿意花时间和精力来编写文档。

- 对一个开发人员来说显而易见的事情可能对另一个开发人员就不显而易见了。

- 尽管图表对读者来说很直观，但创建图表需要时间，更新图表也很烦琐。

- 文档不受信任，因为大家认为文档多是过期的。对一些组织来说，这是一个文化问题。

确保你的文档是真正有用的。开发人员可以阅读代码，因此不要创建大量的文档来解释代码中的内容。然而，新的开发人员可能理解大量的代码比较困难，他们可以借助"路线图"来导航代码并了解其工作原理。他们还需要对关键设计决策有所解释，这样他们就可以将这些考量点融入自己的设计中。这是软件或系统架构文档以及一些设计指南的作用。架构文档应该包括关于系统中关键接口（API）的说明。在文档中也需要对开发过程做些描述，包括对投产的说明。

遵循项目管理纪律是编写和维护文档的关键。以下是一些用于确定开发团队应生成哪些文档以及如何维护这些文档的启发式方法：

- **杜绝只写不读文档**。如果没有人会使用它，不要浪费时间创建和维护它。

- **单点维护**。不要强迫开发人员在多个地方更改信息。部分文档可以由工具生成，例如，表示结构的图表可以从代码中"反编译"。

- **版本控制**。应该对文档进行配置管理，就像管理系统的其他部分一样。

- **强制更新**。如果重要文档的更新步骤未完成，则应阻止将其发布到生产环境。

轻量级分析和一致性

在常规迭代和 sprint 评审中应该包括分析代码库是否符合架构和设计的环节。通过对质量属性需求的分析可以提取出需要满足的目标，并且这也会让你从战略的视角来进行设计的权衡。可以把通过分析发现的做过的权衡和风险列为技术债务项，这可以让我们从另一个角度来监控和管理产品待办事项。

团队应建立至少包含以下内容的列表：

- 模块接口及其职责

- 从模块到代码的一致性指南

- 关键设计决策、架构决策和技术约束

在轻量级分析中可以评估可能转化为技术债务的权衡。每种用于改进一个质量属性的架构方法都可能会对其他属性产生负面影响：

- 将需要更改的所有东西放在一个位置可能会让其他组件增加了依赖关系。这不利于安全性和其他类型的更改。

- 具有通用接口的数据结构可能会导致性能损失。

- 版本化的接口增加了系统的复杂性，这不仅使系统更难测试并且增加了系统崩溃的风险。

团队需要意识到并减轻这些问题，而且将它们记录下来。对质量属性需求进行系统的轻量级评审可及早发现这些问题，并在这些问题成为技术债务之前解决掉这些问题，或者明确地将它们列为故意的技术债务项。

团队至少应了解轻量级架构和设计分析的原则：

- 需要评估架构的重要质量属性。重要的属性来源于商业目标。

- 通过质量属性场景可将业务目标转换为所需的质量属性。

- 通过质量属性场景可识别要分析的架构的相关组件。

- 团队应该了解有关质量属性的架构方法，以及这些架构方法的副作用和要做的权衡。
- 架构属性和场景之间的不匹配会带来业务目标方面的风险，并可能因此产生技术债务项。

利用敏捷实践规模化管理技术债务
Robert Eisenberg

我从事国防工业方面的大型、高可靠性和长寿命系统的软件开发 30 多年。这样的项目通常都面临特殊的技术债务挑战。挑战源于长寿本身，这些系统往往可以运行数十年，因此会受到"软件衰变"的影响。

当一个相当干净的架构、设计或实现随着时间的推移而缓慢地退化时，软件就会发生衰变，因为每一个实现都是以最便宜、最快、最不可能产生其他影响的方式来满足客户的直接需求的。每一个变更都会产生一些技术债务，技术债务随着时间的推移而累积，慢慢地这些技术债务就会破坏最初的架构、设计和实现。一旦债务成为负担，客户（和内部管理层）往往会抵制补救措施，因为他们希望为新功能付费，而不愿意为补救债务付费，他们常常错误地将技术债务归咎于以前的劣质工作。

你可能认为这些高可靠性系统的固有特性使得这些系统的技术债务更少，但事实并非如此。形式上的需求和可靠性目标关注的是外部可见的特性，而不是底层软件的内在产品质量和可维护性（偶然有这样的需求，但是很罕见）。这些系统也可能会在硬性需求和成本基线下受到极端的进度压力。因此，这些类型的系统中的技术债务可能与任何其他系统一样严重。

我曾经遇到过这样的情况：一家大型运输公司在古老的微型计算机上运行它的一些核心业务系统。这样的情况下，很难得到备件，因为制造商在维修合同中有严格的限制。出现问题的公司很难接受将系统迁移到现代的、虚拟化的、基于刀片服务器的解决方案：旧平台的成本如此之低，以至于迁移的 ROI 看起来是负数。然而，旧平台发生故障的风险是巨大的：一个备件的丢失可能会使公司的核心系统瘫痪几天。存在技术债务风险的系统也使业务情况发生变化，在这种情况下，它把公司推到了临界点。

假设你运行着一个大型的、长寿命的项目，你认为项目中有一个技术债务。

现在怎么办？有哪些可以采用的策略？以下是我学到的一些方法。首先，让我们从不该做的事情开始。不要为了确定总的技术债务和制订一个全面的补救计划而试图对有数百万行代码的软件产品进行全面的分析。从总体上来评价。数据可能会让人麻木，而且问题的波及面似乎是无法把控的，特别是对于关心实现新特性的成本和时间表的项目经理来说。知道你已经积累了数百万美元的技术债务（本金）是没有用的，要采取行动。对未来利息的估计充其量只是猜测。

我相信敏捷方法的价值及其应对技术债务的适用性。你应该以增量和迭代的方式识别和补救技术债务，根据执行的经验来增加实践方法。可以在应用敏捷框架和实践的程序上"打磨"技术债务实践，并随着时间的推移不断增加这些实践，包括：

- **完成标准的定义**。最初包括在特性和用户故事开发中发现的任何现有债务的识别标准。这将有助于确定"有形债务"，即在正常开发过程中变成有形障碍的债务。这些债务项应该作为"债务故事"记录在文档中，最好包含在程序待办事项跟踪工具中。还可以包括"无形债务"的标准，以防止债务增加。如果由于某种原因不可避免地会增加新的债务，那么也应该将其以债务故事的形式记录下来。通常技术债务最初是大家从团队的程序经验和良好的软件工艺的角度评价，而产生的主观感受，之后增加了可测量性（例如，通过静态分析、其他工具或正式分析方法测量）。我鼓励团队对软件应用"童子军规则"：总是让代码比你看到的干净一点。我建议将债务行为（故事）像记录所有其他工作一样记录在同一跟踪工具中，作为一个程序或团队待办事项的一部分。由敏捷我们发出这样的感慨："所有的工作都是工作；所有的工作都是待办事项。"

- **准备就绪的定义**。在开始开发一个新特性或记录一个故事之前，检查待办事项，以确定在实现过程中应该考虑的任何已知债务项，因为它们会影响同一区域的代码，或者会妨碍代码的开发。此外，在规划过程中，将债务评估作为标准设计和产品估算过程的一部分（例如，特性和故事点）。这些过程将有助于更加积极主动地预防和补救债务，因为它们发生在开发之前。

- **在计划过程中**。可以做多个层次上的计划。我会从最底层开始做。在团队级计划（例如 sprint 计划）中，请考虑包含先前确定的与正在更新的代码相关联的债务修复故事。在讨论故事规模时，一定要考虑为防止出现新债务而做的努力。我见过一些团队在每个 sprint 或程序增量（使用 SAFe® 术语）中分配一小部分精力用于债务修复。在程序增量（或等效）期间，应该考虑更大的债务预防和补救项目，例如那些与更实质性的架构或设计更改相关的项目。在这里，请再次考虑必要的债务补救和预防时间，衡量更大的工作块（如功能）所用时间。在最高级别的程序计划中，我所看到的关键因素之一是评估任何计划重用代码中的现有债务（例如，在先前程序或独立研究和开发（IRAD）项目中重用代码）。在必要的修改和增强过程中，有太多的程序未考虑并包含重构重用代码，以保持内部产品完整性所需的成本。

- **回顾会期间：**询问团队成员在开发过程中是否发现任何债务。通常在这个时候，债务和开发基础设施或与主代码库没有直接关联的其他方面相关。再次，根据需要创建债务补救故事。团队可以利用回顾会来发现先前债务故事中的苗头（例如，常见的根本原因）。可以跟踪和监控债务故事的总量，考虑诸如"我们的债务水平是否变得太高了？""我们的债务积压是否在增长，是不是因为我们从来没有优先考虑这些故事？"以及"债务的增加是否对我们的速度产生了显著的影响？"等。回顾会，特别是相隔时间较长（如程序增量）的回顾会，可以有机会查看是否出现错误修复（可能引入了新问题或不良行为）或系统完成后出现具有高负债率的新功能。两者都可能是基础代码高负债的指标。

总的来说，这些步骤有助于使债务成为正常开发节奏和实践的一部分，而不是单独的东西。我发现这种整合的债务管理对成功很重要。这些措施也有助于我们将重点放在对开发者影响最大的债务上。这种方法通常会让我们忽略一部分债务水平较高但功能正常且无须修改的产品，这是合理的，因为该债务没有应计利息。

所以，如果你不确定从哪里开始，或者过程中有很多障碍，那么从小事开始。你可以在正常开发节奏中加入一些基本的债务识别、量化、补救和预防手段。用你所学的知识去改进系统，多使用能提供较大价值的技巧和策略。

今天能做点什么

不遵循既定的软件工程实践将导致非故意的技术债务。本章重点介绍了可以纳入任何开发工作中的基本实践。这样做可帮助你避免非故意的技术债务，或战略性地承担故意的债务。采纳并给团队教授一些基本的软件工程实践，比如代码评审、单元测试和编码标准化，并考虑自动化这些实践，包括代码库的静态分析。

扩展阅读

架构跑道是 SAFe 的一个关键实践（Leffingwell，2007 年）。此外，Stephany Bellomo 等人（2014 年）描述了如何"敏捷地"设计架构，使用这种方法，大的前期设计减少了，这可以防止过早地产生技术债务。

从长远来看，项目采用正确的软件开发实践肯定会有好处。例如，Forsgren、Humble 和 Kim 在他们的 2017 DORA 报告中强调了采用 DevOps 实践的好处。

重构现有代码可以避免非故意的技术债务。Scott Ambler（2017 年）将此列为处理技术债务的 11 个策略之一。下面三本书对相关策略进行了深入讨论：Martin Fowler 的 *Refactoring*（2018 年）、Joshua Kerievski 的 *Refactoring to Patterns*（2004 年），以及 Michael Feathers 的 *Working Effectively with Legacy Code*（2004 年）。

在我们这个软件密集型世界中，满足高标准和实施良好的软件工艺越来越重要。本章中提出的思想会在开发人员理解和实施实践的高标准工作中体现出来。Robert Martin 的 *Clean Code：A Handbook of Agile Software trafficiency*（2008 年）解释了编写干净、可维护的代码的基本方法，并提供了示例。另见 Sandro Mancuso 的 *The Software Craftsman：Professionalism，Pragmatism，Pride*（2014 年）。

第 13 章

与技术债务共存

在最后一章中，我们继续探索技术债务全景，并讨论如何将技术债务管理作为产品开发活动的一个组成部分。

你的技术债务工具箱

到目前为止，我们对技术债务是什么以及它如何影响软件开发项目有了全面的了解。你的项目可能在某种程度上受到技术债务的影响。但如果管理得当，技术债务可以成为一种有效的设计策略。

在本书每一章的最后，我们都向你推荐了可以尝试的行动。但你可能还是会问，在特定情况下，这些行动是否仍然可行。答案是："依实际情况而定！"这取决于你的角色，取决于债务对项目的影响，取决于你的系统年龄，而且主要取决于项目会如何演进。虽然可以采取的行动很多，但以下是一个通用路径：

1. **感知**。确保所有相关人员都对什么是技术债务以及它如何影响项目有共同的认识。

2. **评估信息**。了解项目的状态，你目前面临的债务，什么原因，以及它的后果是什么。

3. **建立一个登记表**。建立某种形式的技术债务清单。

4. **决定要解决的问题**。当你计划发布时，查看技术债务登记表，力求该发布可以减少技术债务并且可实际解决技术债务问题。

5. **采取行动**。把技术债务的识别和管理纳入所有软件开发和业务治理实践中。

重复这个过程，因为你不太可能一下子完全摆脱技术债务。

这听起来吓人吗？不一定。在每章的最后，我们都介绍了一些关于工作如何开展的简单想法。在本章，我们会重新审视这些想法，为的是你可以更加仔细地考虑未来与债务为伴这件事情。在技术债务工具箱中包含这些实践对你管理技术债务有帮助。

根据你的开发工作的上下文（主要是系统的规模、年龄和外部因素，如业务领域），你的软件开发生命周期可能是明确的或正式的。如果你想要明确地管理组织中的技术债务，不要将债务处理作为一个单独的过程，将其集成到流程中，以补充当前的实践。

循序渐进，而不是大幅度地修改。第一步，选择能带来最直接利益的修改。考虑下面这个路径对相关人员和学习的影响。记住，以技术债务时间线作为指导（参见图13.1）。

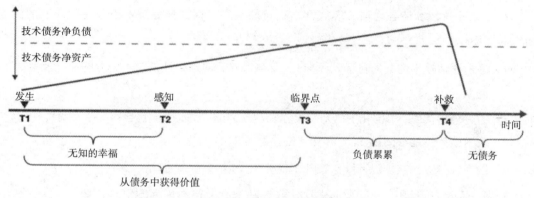

图 13.1　组织在无意中产生技术债务的时间线

感知

给你的技术债务起个名字。确保所有参与项目或接近项目的人员对技术债务有共同的理解：什么是技术债务，什么不是技术债务，以及它如何影响项目。这一点很重要，因为今天许多人已经从各种渠道听说了技术债务，并对其含义形成了自己的想法。使用我们在第 2 章中给出的定义。

以下是提高感知能力的一些方法：

- 为项目提供一个清晰、简单的技术债务定义。

- 向团队讲解什么是技术债务及其产生的原因。
- 直接在项目环境中给大家（管理人员、分析师和产品经理）讲解关于技术债务的知识。
- 在问题跟踪系统中创建技术债务类别，使技术债务与缺陷或新功能有所区别。
- 将已知的技术债务作为长期技术路线图的一部分。
- 将感知活动扩展到作为项目一部分的任何外部供应商。

使用能够帮助团队沟通的方法，帮助每个人在概念上都达成一致。可以组织一次午餐，与大家一起学习技术债务的概念，并使用项目例子来说明这些概念。可以对整个项目进行技术债务信用检查从而确定从哪里开始行动（见第 11 章）。

评估信息

在尝试补救技术债务之前，客观评估项目的状态。根据你在技术债务时间线上的位置，你可以考虑以下这些行动：

- 确定评估技术债务的目标和标准（见第 4 章中的"理解评估技术债务的业务上下文"一节）。
- 通过分析代码、架构和生产基础设施来监控你的产品，以了解导致团队经历种种症状的技术债务（请参阅第 5、6 和 7 章的内容）。
- 纳入轻量级检查，以持续监控技术债务（见第 12 章）。

开展一系列的活动，可以帮助你评估收集到的有关技术债务的信息，如：

- 了解业务上下文，从而使用源代码和分析工具来进行技术债务分析。
- 创建编码、架构和生产基础设施的标准，作为衡量技术债务的标准。设定阈值，以确定债务水平何时变得过高。
- 针对需求、设计/编码、测试和测试结果，开展检查和追溯。
- 使用工具来检查和执行某些准则或标准。部署静态代码分析工具以检测代码异味。不要在大量警告面前惊慌失措。对此，我们在第 5 章中给出了一些优先考虑的策略。
- 评审架构。如果没有文档记录，则从团队、源代码和跟踪的问题中收集信息。使用有关架构风险的知识来进行源代码的自动化分析。

- 当修复一个缺陷或者添加一个新的特性时，不要只看眼前的实现，而要看长期的设计问题是否会导致技术债务。

- 组织一个小时的头脑风暴会议，讨论"我们做了什么设计决定，现在后悔了，因为实际的花费比我们预计的花费要多？"或者"如果我们必须再做一次，我们应该怎么做？"

做评估不是搞责备游戏，也不是发牢骚，只要高层次的结构问题被识别并确定了，过去的关键设计决策就变成了今天的技术债务。随后我们也可以确定技术债务对项目的影响。

建立一个技术债务登记表

以下介绍一种逐步建立技术债务登记表的方法（参见第 4 章）：

- 将你的问题跟踪工具中的"技术债务"分类细化为技术债务描述，并将其指向所涉及的特定软件工件：代码、架构或生产基础设施。

- 至少包括最常见的两类技术债务：（1）简单的、本地化的、代码级的债务和（2）广泛的、结构化的、架构债务，并指向所涉及的软件工件：代码、架构或生产基础设施。

- 将源代码中的"Fix me"或"Fix me later"单一形式的注释标准化，标记出应该在将来修改的地方。有了这些注释，使用工具就更容易发现它们。

- 分析包含非故意的技术债务的代码和架构，并在技术债务登记表中描述结果。

- 制定一个优先考虑债务补救的策略，并确保它时刻都能工作。

- 在你的迭代审查和回顾会中包括对技术债务的讨论，并对其加以特别的重视。将它作为一个待办事项参与优先排序。

- 在进行开发时，如果你打算引入故意的技术债务，那么请在你的登记表中进行记录。

在收集信息以获得一些具体示例和评估用的数据时，可能需要做一些清点工作。

决定修复什么

如果你面对的是一个庞大的、有点繁杂的技术债务登记表，则需要确定修复什么以及什么时候修复。应该根据你对情况的评估来做出决定，包括下一步软件产品的发展方向。要做出决定，需要收集有关补救策略、成本和权衡的其他信息（请参阅第 8 章）。

审查技术债务登记表中的各项，确保其中包含适当的项目，并确定处理它们的优先顺序，从而决定下一步交付什么：

- 将技术债务项细化到待办事项列表中的"故事卡"级别，并使它们成为发布计划和迭代计划的一部分。按照四类项目来整理待办事项（参见第 4 章）。

- 不仅要估计偿还技术债务项的成本，还要估计不偿还技术债务项的成本：延迟偿还会在多大程度上减缓当前的进度？如果你无法提供实际成本，请使用"T 恤尺码"策略。

- 分配时间以偿还技术债务。你可以从迭代预算的 15% 开始，但是固定的比例可能并不适合所有的情况。有时可能需要将整个 sprint 分配到减少技术债务的事情上；有时可能需要更少的时间。要看到你的进步，从经验中学习。

- 一些复杂的技术债务处理涉及代码、架构和基础设施的返工。尽可能减少重要的架构重构或系统范围的重构，因为这可能需要在多个迭代中完成。

- 制订一个与上下文相关的偿还计划。除了非常小的项目，偿还所有债务根本不可行，也不是资源的最佳利用。

- 显示技术债务对支持新特性或减少为解决缺陷而产生的任务的价值。当选择重构时，选择在经济可行的情况下为未来提供更多灵活性和大力支持进化的重构。

- 确定要修复的技术债务项的优先级，修改代码库中最活跃的部分技术债务项。如果子系统或模块不会在可预见的将来系统发生变更时被修改，就不要修复其中的技术债务，除非是变更固定在一个模块中的技术债务。

采取行动

根据你的特定情况，并结合项目上下文来综合实施技术债务管理方法。这样做能更加积极主动地了解技术债务产生的原因，并控制新债的引入（见第 10 章和第 11 章）。软件工程实践对于任何开发工作都是必不可少的，它不仅可以帮助你排除引发非故意技术债务的原因，而且可以帮助你避免这种债务（参见第 12 章）。

采取一些行动来识别和管理软件开发和业务治理实践中的技术债务。以下是你可能采取的行动：

- 通过将一些技术债务项添加到迭代待办事项列表中，以保持技术债务处于较低水平，从而减少每个开发周期的技术债务。

- 为了在修复技术债务项时不会破坏代码，开发一种系统回归测试方法（这将消除类似"它并没有造成严重损坏，所以我不会修复它"的异议）。

- 从业务、架构、开发和组织的角度评估你当前的实践，并确定要消除的技术债务的来源。

- 将技术债务纳入有关延迟功能交付和降低风险责任的机会成本的业务决策中。

- 在适当的情况下，考虑将故意的技术债务作为短期或长期投资，并计划对其进行管理。

- 在任何管理或项目评审表中包括技术债务指标。

- 收集与技术债务项相关的工作或成本的关键指标，以协助未来的决策。

从最简单的情况开始并迭代这些活动，在每次迭代中逐步改进流程。

将技术债务集成到当前的软件开发过程中不会影响软件开发生命周期。如果缺少指导原则或标准，就不能创建新的工件。不要创建新的角色，除了最初可能需要的"技术债务传道者"或"技术债务捍卫者"。也许，你也可以部署新的技术和工具来支持某些活动，我们在前面的章节中已经列举了一些。

在土星的三颗卫星上

让我们看看在这本书中作为例子的三家公司发生了什么，以及我们建议他们现在应该做什么。

Atlas：小型初创企业

Atlas 公司在成长到拥有 15 名开发人员时就意识到了技术债务，并且在为更多样化的消费者开发产品时遇到了一些困难。4 位创始人在早年由于业务上不断的"颠覆"而没有意识到债务的累积。最近的一些招聘让团队意识到了这一点，但债务数月来一直是一个模糊的概念，团队对此没有采取任何具体行动，它只是一个偶尔讨论的话题。

其中一位创始人请来了一位顾问，他做了初步评估，并向整个团队作了介绍。因此技术债务的概念对每个人来说都变得更加清晰。Atlas 购买了一个静态分析工具（SonarQube）和一个结构分析工具（Structure 101），并雇用了一名暑期实习生收集项目债务数据。结果表明，该团队可以采取一些简单的措施来减轻一些主要技术债务的影响。他们将这些措施引入两个开发迭代中，并将技术债务故事卡放到待办事项列表中。但是，如果不进一步处理，随后当团队试图解决债务问题时，会出现优先事项不一致的情况：一些主要的结构性技术债务项仍然存在，而目前补救这些债务项似乎过于大胆，所以仍然无法真正解决这些债务问题。

Atlas 团队现在应计划做以下工作：

- 完善其开发流程，系统地捕获技术债务项。

- 通过评估补救与不补救债务相关的成本，将大额技术债务项整合到未来主要发布的规划中。其中一些技术债务项需要分配几个 sprint 来处理。

- 系统地减少每个迭代或大多数迭代中的代码异味技术债务项。培训开发人员，确保他们不会注入新的代码异味。

Phoebe：拥有成功产品的敏捷商店

Phoebe 是在"敏捷"运动中发展起来的，它的开发遵循 Scrum 的改进版本。大多数开发人员都意识到了技术债务。从一开始，他们就系统地把一些小的技术债务项包含在待办事项列表中。但随着产品的成功推出和核心团队的规模开始缩小，许多开发工作交由外部合作伙伴完成，从而导致技术债务增加，特别是架构层面的技术债务。如今，Phoebe 团队努力管理具有不同需求的多个利益相关者，站在不断变化的技术前沿，并维持一个可行的产品。因此，在大多数情况下，技术债务是有意累积的。

虽然 Phoebe 团队一直试图优先考虑减少主要版本中的技术债务，但技术锁定已成为实现这一目标的主要障碍，员工规模的减少也是一个障碍。在核心团队如何识别和管理技术债务方面也存在很多不一致之处。例如，团队尝试使用一些工具来研究代码质量，但没有持续使用这些工具。主要的重构版本已经消除了一些技术债务或使其过时，但 Phoebe 并没有将此广泛地传达给其利益相关者，目前团队对应该作为首要任务处理的事项也不清晰。

Phoebe 团队现在应该计划尝试以下操作：

- 提高生态系统中合作伙伴对技术债务造成的影响的认识。

- 在与生态系统中其他合作伙伴共同使用的流程中明确地加入技术债务管理部分，包括特定的工具。

- 在项目评审表中添加技术债务指标。

- 通过评估补救和不补救债务相关的成本，将大额技术债务项整合到未来主要发布的规划中。

Tethys：全球巨人

在许多年里，技术债务就像房间里的大象。大多数参与该项目数年的高级开发人员都非常清楚这一点，尽管他们并不称之为"技术债务"。他们私下里会很高兴地与来访者或新来者讨论一些技术债务，以及何时故意承担这些债务。但从规划的角度来看，技术债务及其可能的补救措施从未提上台面，开发人员也从未与公司技术领导层或公司业务部门讨论过这个问题。

代码质量相当高。该公司经常使用各种工具来评估代码质量以及其编码和设计是否符合标准。技术债务是多年累积的故意结构性债务和技术发展的结果：由于技术发展 15 年了，因此现在主要的设计选择看起来很糟糕。

Tethys 团队应计划尝试以下操作：

- 在系统地识别和捕获技术债务上达成一致，特别是对于架构和技术发展带来的技术债务的复杂性。

- 开发一套简单的方法，比如从 T 恤尺寸开始，将补救和不补救债务的成本与主要技术债务项相关联。

- 使高层管理人员了解技术债务及其对业务的影响。

- 让产品管理团队参与减少技术债务的决策和故意承担更多技术债务的决策。

- 进行技术债务信用检查，并将债务管理和产品管理纳入评估中。

技术债务与软件开发

你的软件开发组织将逐渐变得具有"技术债务意识"。最终，管理技术债务将成为软件开发过程的一个组成部分。

如果你的组织刚刚开始管理技术债务，那么启动成本会很高。要开始，至少应计划尝试以下操作：

1. 了解开发过程的状态及其与业务目标的一致性（见第 10 章）。

2. 确定技术债务项（见第 5、6 和 7 章），包括选择支持该活动的实践和工具。

3. 将技术债务作为主要投入纳入软件开发决策（见第 9 章）。

4. 给开发团队及其周边的所有利益相关者讲解关于技术债务的知识及其带来的后果（见第 4 章）。

如果你的组织已经了解了技术债务，则可以计划尝试以下操作：

1. 在故意技术债务产生时识别并记录下来（见第 10 章和第 12 章）。

2. 定期监控新的和累积的技术债务的设计和代码，并记录任何检测到的技术债务项（见第 5、6、7 和 11 章）。

3. 在整个开发周期内分散削减技术债务（见第 9 章）。

4. 收集可能指向技术债务症状的指标，如速度、延迟补救和高预估的开发成本（见第 4 章）。

如图 13.2 所示，组织意识到的技术债务时间线显示了该组织故意承担、监控和补救的技术债务。

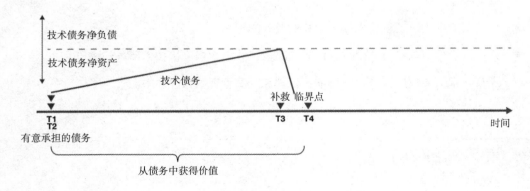

图 13.2　组织意识到的技术债务时间线

迭代开发生命周期是敏捷方法的一个核心特性，它为持续管理技术债务提供了更好的时机。小型技术债务项的偿还可以在一个发布周期中通过多次迭代进行。然而，较大的技术债务项（如架构技术债务项）可能不容易在短的迭代周期中修复。你可能会选择推迟修复该技术债务项，因为它极大地影响项目发展的速度（这通常是架构活动的情况，并不特定于架构债务的削减）。为了对变更请求做出更好的响应，要抵制招致大量技术债务的诱惑。

结语

技术债务是我们在第 1 章中描述的产生摩擦的根源：它会逐渐减慢软件开发的速度。技术债务是不可避免的，特别是在大型和长寿命的系统中，在成功的系统中更是如此。

技术债务已被证明是帮助开发人员和管理人员描述问题的有用概念。从金融概念的角度看，技术债务的概念将决策从严格的经济立场或纯粹的技术立场转移到各方能够更好地理解权衡和妥协、评估当前发展状况和确定前进道路的方向上。

技术债务可以成为一种有效的工具，使团队冲刺到一个重大的短期里程碑——通过从未来借来的时间非常迅速地取得一些成功，从这个意义上说，它看起来更像一种投资的债务。当债务很快被遗忘而没有及时偿还时，问题就开始出现了。

在本书中，我们确立了一些原则，以帮助你更好地理解和从容地管理技术债务：

原则 1：技术债务是一个抽象概念的具体化。

原则 2：如果你没有任何形式的利息，那么你可能没有实际的技术债务。

原则 3：所有系统都有技术债务。

原则 4：对于系统来说，必须跟踪技术债务。

原则 5：技术债务并不是质量差的同义词。

原则 6：架构技术债务的成本最高。

原则 7：所有的代码都很重要！

原则 8：无论对于本金还是利息，都没有绝对的技术债务度量标准。

原则 9：技术债务依赖于系统未来的演进。

在保证软件质量的同时要保持创新的步伐，需要将技术债务管理确立为核心软件工程实践。人们对技术债务管理的研究、实践和工具支持越来越感兴趣。大多数研究只能在行业的环境中进行，我们正在处理的问题不能在小型实验室的实验中重现。我们邀请你加入技术债务社区，希望你积极提供案例研究、技术债务故事以及与管理技术债务相关的实践。techdebtconf.org 网站是一个相当好的起点。

词汇表

应计利息——构建依赖于技术债务的新软件所产生的额外成本，这并不是最优解决方案。这些成本随着时间累积成为初始本金，导致当前本金增加。

工件——参见开发工件。

业务目标——软件产品中利益相关者想要达成的高层次目标。

原因——触发技术债务项存在的过程、决策、行动、行动的缺乏或事件。

复利——即经常性利息。

后果——对当前或未来的价值、质量或成本，或者技术债务项相关的系统状态的影响。

上下文——经济、社会、文化和技术因素的集合，这些因素并不在项目的严格控制之下，但是对项目的发展有很大的影响。

成本——开发或维护一个产品的成本，主要包括支付给开发人员的费用。为了规划的目的，成本通常用点数系统来代替实际的财务成本。

开发人员——任何直接参与软件开发的人员：架构师、设计人员、编码人员、测试人员，等等。

开发工件——系统或者支持产品工作的一个元素：设计、代码、文档、测试、缺陷记录，等等。

特性——交付业务价值的功能块。

利息——参见应计利息和经常性利息。

点——估算系统开发成本的度量单位。

本金——通过在开发过程中采取一些初始方法或捷径（初始本金）而节约的成本，或开发解决方案所需的成本（当前本金）。

产品—— 一个准备交付或商业化的完整系统。

质量——系统、组件或过程满足顾客或用户需要或期望的程度（IEEE 标准 610）。

经常性利息——由于技术债务引起的生产率（或速度）降低、缺陷或质量损失（可维护性和可演化性），从而产生的额外成本。这些是无法通过补救收回的沉没成本。

登记表——对于软件系统，技术债务项的清单通常存储在工具中，例如问题跟踪器或项目待办事项管理系统。

补救——消除技术债务项。它的成本是相关的当前本金和任何应计利息。

利益相关者——任何受到开发项目影响的人或组织。

症状——技术债务项可观察到的、定性的或可测量的后果。

系统—— 一组相互关联的工程工件，它们形成一个复杂的整体。在本书中，系统指的是正在开发的软件密集型系统，最终将成为产品。

技术债务——1. 与一个系统相关的一整套技术债务项。2. 在软件密集型系统中，技术债务的设计或实现在短期内是权宜之计，但它所建立的技术上下文会使未来的变更成本更高或不可能实现。技术债务是一种潜在负债，其影响主要限于内部系统质量，但不仅限于可维护性和可演化性。

技术债务描述——捕获技术债务项及其（已知）属性的系统方法。

技术债务项——技术债务的一个原子元素，它将一组开发工件与系统的质量、价值和成本联系起来，并由一个或多个与流程、管理、上下文、业务目标等相关的原因触发。

价值——来源于产品的最终消费者：它的用户或者收购者、花钱使用它的人，以及产品的可感知的效用。